6 단계 초등 3학년

KB213854

⬇ 정답은 EBS 초등사이트(primary.ebs.co.kr)에서 다운로드 받으실 수 있습니다.

교재 내용 문의
교재 내용 문의는 EBS 초등사이트
(primary.ebs.co.kr)의
교재 Q&A 서비스를 활용하시기 바랍니다.

교재 정오표 공지
발행 이후 발견된 정오 사항을
EBS 초등사이트 정오표 코너에서 알려 드립니다.
교재 검색 → 교재 선택 → 정오표

교재 정정 신청
공지된 정오 내용 외에 발견된 정오 사항이 있다면
EBS 초등사이트를 통해 알려 주세요.
교재 검색 → 교재 선택 → 교재 Q&A

수학

꽉

잡아

6 단계 초등 3학년

만점왕 연산을 선택한
친구들과 학부모님께!

연산은 수학을 공부하는 데 기본이 되는 **수학의 기초 학습**입니다.

어려운 사고력 문제를 풀 수 있는 학생도 정확하고 빠른 속도의 연산 실력이 부족하다면 높은 수학 점수를 받을 수 없습니다.

정해진 시간 안에 문제를 풀어야 하는 데 기초 연산 문제에서 시간을 다 소비하고 나면 정작 문제 해결을 위한 문제를 풀 시간이 없게 되기 때문입니다.

이처럼 연산은 매우 중요하지만 한 번에 길러지는 게 아니라 **꾸준히 학습해야** 합니다. 하지만 기계적인 연산을 반복하는 것은 사고의 폭을 제한할 수 있으므로 연산도 올바른 방법으로 학습해야 합니다.

처음 연산을 시작하는 학생에게는 연산의 정확성과 속도를 높이는 것이 중요하므로 수학의 개념과 원리를 바탕으로 한 충분한 훈련을 통해 연산 능력을 키워야 합니다.

만점왕 연산은 올바른 연산 공부를 위해 만들어진 책입니다.

만점왕 연산의 특징은 무엇인가요?

만점왕 연산은 수학 교과 내용 중 수와 연산, 규칙성 단원을 반영하여 학교 진도에 맞추어 연산 공부를 하기 좋게 만든 책으로 누구나 한 번쯤 해 봤을 연산 교재와는 차별화하여 매일 2쪽씩 부담없이 자기 학년 과정을 꾸준히 공부할 수 있는 연산 교재입니다.

만점왕 연산의 특징은 학교에서 배우는 수학 공부와 병행할 수 있도록 수학의 가장 기초가 되는 연산을 부담없이 매일 학습이 가능하도록 구성하였다는 점입니다.

만점왕 연산은 총 몇 단계로 구성되어 있나요?

취학 전 대상인 예비 초등학생을 위한 **예비 2단계**와 **초등 12단계**를 합하여 총 **14단계**로 구성되어 있습니다.

한 단계는 한 학기를 기준으로 구성하였기 때문에 초등 입학 전부터 시작하여 예비 초등 1, 2단계를 마친 다음에는 1학년부터 6학년까지 총 12학기 동안 꾸준히 학습할 수 있습니다.

단계	Pre ❶단계	Pre ❷단계	❶단계	❷단계	❸단계	❹단계	❺단계
	취학 전 (만 6세부터)	취학 전 (만 6세부터)	초등 1-1	초등 1-2	초등 2-1	초등 2-2	초등 3-1
분량	10차시	10차시	8차시	12차시	12차시	8차시	10차시

단계	❻단계	❼단계	❽단계	❾단계	❿단계	⓫단계	⓬단계
	초등 3-2	초등 4-1	초등 4-2	초등 5-1	초등 5-2	초등 6-1	초등 6-2
분량	10차시	10차시	10차시	10차시	10차시	10차시	10차시

5일차 학습을 하루에 다 풀어도 되나요?

연산은 한 번에 많이 푸는 것이 아니라 매일 꾸준히, 그리고 점차 난이도를 높여 가며 풀어야 실력이 향상됩니다.

만점왕 연산 교재로 **월요일부터 금요일까지 하루에 2쪽씩** 학기 중에 학교 수학 진도와 병행하여 푸는 것이 가장 좋습니다.

학습하기 전! **단원 도입**을 보면서 흥미를 가져요.

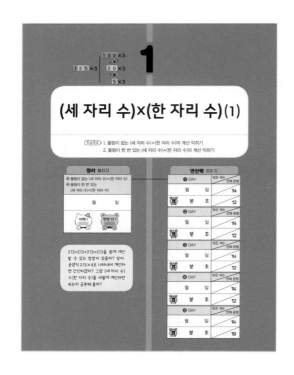

그림으로 이해

각 차시의 내용을 한눈에 이해할 수 있는 간단한 그림으로 표현하였어요.

학습 목표

각 차시별 구체적인 학습 목표를 제시하였어요.

학습 체크란

[원리 깨치기] 코너와 [연산력 키우기] 코너로 구분되어 있어요. 연산력 키우기는 날짜, 시간, 맞은 문항 개수를 매일 체크하여 학습 진행 과정을 스스로 관리할 수 있도록 하였어요.

친절한 설명글

차시에 대한 이해를 돕고 친구들에게 학습에 대한 의욕을 북돋는 글이에요.

원리 깨치기만 보면 계산 원리가 보여요.

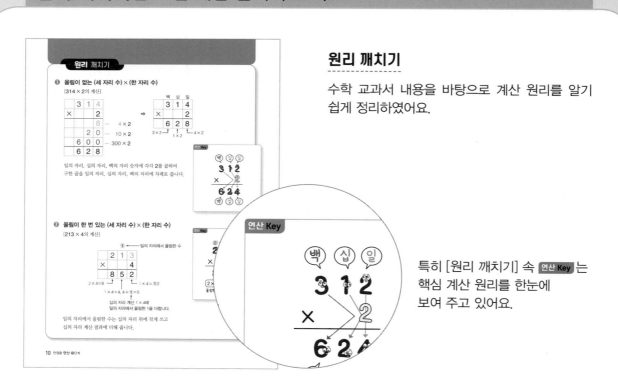

원리 깨치기

수학 교과서 내용을 바탕으로 계산 원리를 알기 쉽게 정리하였어요.

특히 [원리 깨치기] 속 연산 Key 는 핵심 계산 원리를 한눈에 보여 주고 있어요.

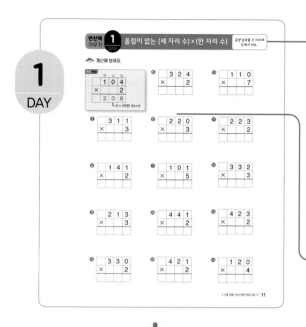

연산력 키우기 5 DAY 학습

- [연산력 키우기] 학습에 앞서 [원리 깨치기]를 반드시 학습하여 계산 원리를 충분히 이해해요.

- 각 DAY 1쪽에 있는 오른쪽 상단의 힌트를 읽으면 문제를 풀 때 도움이 돼요.

- 각 DAY 연산 문제를 풀기 전, **연산 Key** 를 먼저 확인하고 계산 원리와 방법을 스스로 이해해요.

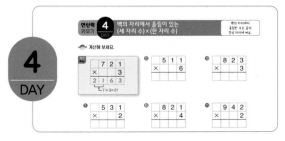

단계 학습 구성

	Pre ❶단계	Pre ❷단계
예비 초등	**1차시** 1, 2, 3, 4, 5 알기 **2차시** 6, 7, 8, 9, 10 알기 **3차시** 10까지의 수의 순서 **4차시** 10까지의 수의 크기 비교 **5차시** 2~5까지의 수 모으기와 가르기 **6차시** 5까지의 덧셈 **7차시** 5까지의 뺄셈 **8차시** 6~9까지의 수 모으기와 가르기 **9차시** 10보다 작은 덧셈 **10차시** 10보다 작은 뺄셈	**1차시** 십몇 알기 **2차시** 50까지의 수 알기 **3차시** 100까지의 수 알기 **4차시** 100까지의 수의 순서 **5차시** 100까지의 수의 크기 비교 **6차시** 10 모으기와 가르기 **7차시** 100이 되는 덧셈 **8차시** 10에서 빼는 뺄셈 **9차시** 10보다 큰 덧셈 **10차시** 10보다 큰 뺄셈

	❶단계	❷단계
초등 1학년	**1차시** 2~6까지의 수 모으기와 가르기 **2차시** 7~9까지의 수 모으기와 가르기 **3차시** 합이 9까지인 덧셈 (1) **4차시** 합이 9까지인 덧셈 (2) **5차시** 차가 8까지인 뺄셈 (1) **6차시** 차가 8까지인 뺄셈 (2) **7차시** 0을 더하거나 빼기 **8차시** 덧셈, 뺄셈 규칙으로 계산하기	**1차시** (몇십)+(몇), (몇십몇)+(몇) **2차시** (몇십)+(몇십), (몇십몇)+(몇십몇) **3차시** (몇십몇)−(몇) **4차시** (몇십)−(몇십), (몇십몇)−(몇십몇) **5차시** 세 수의 덧셈과 뺄셈 **6차시** 이어 세기로 두 수 더하기 **7차시** 100이 되는 덧셈식, 10에서 빼는 뺄셈식 **8차시** 10을 만들어 더하기 **9차시** 10을 이용하여 모으기와 가르기 **10차시** (몇)+(몇)=(십몇) **11차시** (십몇)−(몇)=(몇) **12차시** 덧셈, 뺄셈 규칙으로 계산하기

	❸단계	❹단계
초등 2학년	**1차시** (두 자리 수)+(한 자리 수) **2차시** (두 자리 수)+(두 자리 수) **3차시** 여러 가지 방법으로 덧셈하기 **4차시** (두 자리 수)−(한 자리 수) **5차시** (두 자리 수)−(두 자리 수) **6차시** 여러 가지 방법으로 뺄셈하기 **7차시** 덧셈과 뺄셈의 관계를 식으로 나타내기 **8차시** □의 값 구하기 **9차시** 세 수의 계산 **10차시** 여러 가지 방법으로 세기 **11차시** 곱셈식 알아보기 **12차시** 곱셈식으로 나타내기	**1차시** 2단, 5단 곱셈구구 **2차시** 3단, 6단 곱셈구구 **3차시** 2, 3, 5, 6단 곱셈구구 **4차시** 4단, 8단 곱셈구구 **5차시** 7단, 9단 곱셈구구 **6차시** 4, 7, 8, 9단 곱셈구구 **7차시** 1단, 0의 곱, 곱셈표 **8차시** 곱셈구구의 완성

❺단계

1차시	세 자리 수의 덧셈 (1)
2차시	세 자리 수의 덧셈 (2)
3차시	세 자리 수의 뺄셈 (1)
4차시	세 자리 수의 뺄셈 (2)
5차시	(두 자리 수)÷(한 자리 수) (1)
6차시	(두 자리 수)÷(한 자리 수) (2)
7차시	(두 자리 수)×(한 자리 수) (1)
8차시	(두 자리 수)×(한 자리 수) (2)
9차시	(두 자리 수)×(한 자리 수) (3)
10차시	(두 자리 수)×(한 자리 수) (4)

❻단계

1차시	(세 자리 수)×(한 자리 수) (1)
2차시	(세 자리 수)×(한 자리 수) (2)
3차시	(두 자리 수)×(두 자리 수) (1), (한 자리 수)×(두 자리 수)
4차시	(두 자리 수)×(두 자리 수) (2)
5차시	(두 자리 수)÷(한 자리 수) (1)
6차시	(두 자리 수)÷(한 자리 수) (2)
7차시	(세 자리 수)÷(한 자리 수) (1)
8차시	(세 자리 수)÷(한 자리 수) (2)
9차시	분수
10차시	여러 가지 분수, 분수의 크기 비교

초등 3학년

❼단계

1차시	(몇백)×(몇십), (몇백몇십)×(몇십)
2차시	(세 자리 수)×(몇십)
3차시	(몇백)×(두 자리 수), (몇백몇십)×(두 자리 수)
4차시	(세 자리 수)×(두 자리 수)
5차시	(두 자리 수)÷(몇십)
6차시	(세 자리 수)÷(몇십)
7차시	(두 자리 수)÷(두 자리 수)
8차시	몫이 한 자리 수인 (세 자리 수)÷(두 자리 수)
9차시	몫이 두 자리 수이고 나누어떨어지는 (세 자리 수)÷(두 자리 수)
10차시	몫이 두 자리 수이고 나머지가 있는 (세 자리 수)÷(두 자리 수)

❽단계

1차시	분수의 덧셈 (1)
2차시	분수의 뺄셈 (1)
3차시	분수의 덧셈 (2)
4차시	분수의 뺄셈 (2)
5차시	분수의 뺄셈 (3)
6차시	분수의 뺄셈 (4)
7차시	자릿수가 같은 소수의 덧셈
8차시	자릿수가 다른 소수의 덧셈
9차시	자릿수가 같은 소수의 뺄셈
10차시	자릿수가 다른 소수의 뺄셈

초등 4학년

❾단계

1차시	덧셈과 뺄셈이 섞여 있는 식/곱셈과 나눗셈이 섞여 있는 식
2차시	덧셈 뺄셈 곱셈이 섞여 있는 식/덧셈 뺄셈 나눗셈이 섞여 있는 식
3차시	덧셈, 뺄셈, 곱셈, 나눗셈이 섞여 있는 식
4차시	약수와 배수 (1)
5차시	약수와 배수 (2)
6차시	약분과 통분 (1)
7차시	약분과 통분 (2)
8차시	진분수의 덧셈
9차시	대분수의 덧셈
10차시	분수의 뺄셈

❿단계

1차시	(분수)×(자연수)
2차시	(자연수)×(분수)
3차시	진분수의 곱셈
4차시	대분수의 곱셈
5차시	여러 가지 분수의 곱셈
6차시	(소수)×(자연수)
7차시	(자연수)×(소수)
8차시	(소수)×(소수) (1)
9차시	(소수)×(소수) (2)
10차시	곱의 소수점의 위치

초등 5학년

⓫단계

1차시	(자연수)÷(자연수)
2차시	(분수)÷(자연수)
3차시	(진분수)÷(자연수), (가분수)÷(자연수)
4차시	(대분수)÷(자연수)
5차시	(소수)÷(자연수) (1)
6차시	(소수)÷(자연수) (2)
7차시	(소수)÷(자연수) (3)
8차시	(소수)÷(자연수) (4)
9차시	비와 비율 (1)
10차시	비와 비율 (2)

⓬단계

1차시	(진분수)÷(진분수) (1)
2차시	(진분수)÷(진분수) (2)
3차시	(분수)÷(분수) (1)
4차시	(분수)÷(분수) (2)
5차시	자릿수가 같은 (소수)÷(소수)
6차시	자릿수가 다른 (소수)÷(소수)
7차시	(자연수)÷(소수)
8차시	몫을 반올림하여 나타내기
9차시	비례식과 비례배분 (1)
10차시	비례식과 비례배분 (2)

초등 6학년

차례

1차시 ▸ (세 자리 수)×(한 자리 수)(1) 9

2차시 ▸ (세 자리 수)×(한 자리 수)(2) 21

3차시 ▸ (두 자리 수)×(두 자리 수)(1), (한 자리 수)×(두 자리 수) 33

4차시 ▸ (두 자리 수)×(두 자리 수)(2) 45

5차시 ▸ (두 자리 수)÷(한 자리 수)(1) 57

6차시 ▸ (두 자리 수)÷(한 자리 수)(2) 69

7차시 ▸ (세 자리 수)÷(한 자리 수)(1) 81

8차시 ▸ (세 자리 수)÷(한 자리 수)(2) 93

9차시 ▸ 분수 105

10차시 ▸ 여러 가지 분수, 분수의 크기 비교 117

(세 자리 수)×(한 자리 수) (1)

학습목표 1. 올림이 없는 (세 자리 수)×(한 자리 수)의 계산 익히기
2. 올림이 한 번 있는 (세 자리 수)×(한 자리 수)의 계산 익히기

원리 깨치기

❶ 올림이 없는 (세 자리 수)×(한 자리 수)
❷ 올림이 한 번 있는
   (세 자리 수)×(한 자리 수)

월   일

이해!   한번 더!

213+213+213+213을 쉽게 계산
할 수 있는 방법이 있을까? 맞아.
곱셈식 213×4로 나타내어 계산하
면 간단하겠지? 그럼 (세 자리 수)
×(한 자리 수)를 어떻게 계산하면
되는지 공부해 볼까?

연산력 키우기

❶ DAY		맞은 개수 / 전체 문항
월	일	14
걸린 시간 분	초	12

❷ DAY		맞은 개수 / 전체 문항
월	일	14
걸린 시간 분	초	12

❸ DAY		맞은 개수 / 전체 문항
월	일	14
걸린 시간 분	초	12

❹ DAY		맞은 개수 / 전체 문항
월	일	14
걸린 시간 분	초	12

❺ DAY		맞은 개수 / 전체 문항
월	일	14
걸린 시간 분	초	18

원리 깨치기

1 올림이 없는 (세 자리 수) × (한 자리 수)

[314 × 2의 계산]

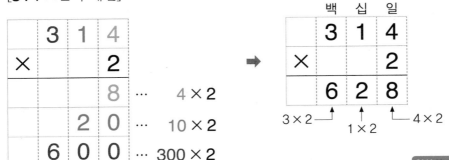

	3	1	4
×			2
			8	⋯ 4 × 2
		2	0	⋯ 10 × 2
	6	0	0	⋯ 300 × 2
	6	2	8

➡

	백	십	일
	3	1	4
×			2
	6	2	8

3 × 2 ↲ 1 × 2 ↑ 4 × 2 ↳

일의 자리, 십의 자리, 백의 자리 숫자에 각각 **2**를 곱하여
구한 곱을 일의 자리, 십의 자리, 백의 자리에 차례로 씁니다.

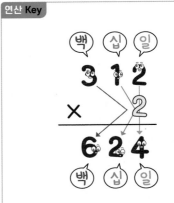

2 올림이 한 번 있는 (세 자리 수) × (한 자리 수)

[213 × 4의 계산]

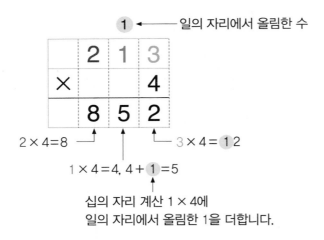

1 ← 일의 자리에서 올림한 수

	2	1	3
×			4
	8	5	2

2 × 4 = 8   3 × 4 = ①2

1 × 4 = 4, 4 + ① = 5

십의 자리 계산 1 × 4에
일의 자리에서 올림한 1을 더합니다.

일의 자리에서 올림한 수는 십의 자리 위에 작게 쓰고
십의 자리 계산 결과에 더해 줍니다.

올림이 없는 (세 자리 수)×(한 자리 수)

굽셈 결과를 각 자리에 맞춰서 써요.

🐡 계산해 보세요.

연산 Key

백	십	일
1	0	4
×		2
2	0	8

↳ 0×(어떤 수)=0

❶

	3	1	1
×			3

❷

	1	4	1
×			2

❸

	2	1	3
×			3

❹

	3	3	0
×			2

❺

	3	2	4
×			2

❻

	2	2	0
×			3

❼

	1	0	1
×			5

❽

	4	4	1
×			2

❾

	4	2	1
×			2

❿

	1	1	0
×			7

⓫

	2	2	3
×			2

⓬

	3	3	2
×			3

⓭

	4	2	3
×			2

⓮

	1	2	0
×			4

1 DAY 올림이 없는 (세 자리 수) x (한 자리 수)

 계산해 보세요.

① 311×2

⑤ 344×2

⑨ 321×2

② 213×2

⑥ 111×6

⑩ 212×4

③ 223×3

⑦ 101×9

⑪ 222×2

④ 334×2

⑧ 313×3

⑫ 310×2

🐡 계산해 보세요.

연산 Key

1 ← 올림한 수

$$
\begin{array}{ccc}
 & 2 & 1 & 3 \\
\times & & & 4 \\
\hline
8 & 5 & 2
\end{array}
$$

└ 1 × 4 = 4, 4 + 1 = 5

❶
$$
\begin{array}{ccc}
 & 2 & 2 & 5 \\
\times & & & 3 \\
\hline
\end{array}
$$

❷
$$
\begin{array}{ccc}
 & 4 & 3 & 9 \\
\times & & & 2 \\
\hline
\end{array}
$$

❸
$$
\begin{array}{ccc}
 & 1 & 1 & 2 \\
\times & & & 8 \\
\hline
\end{array}
$$

❹
$$
\begin{array}{ccc}
 & 2 & 2 & 8 \\
\times & & & 3 \\
\hline
\end{array}
$$

❺
$$
\begin{array}{ccc}
 & 1 & 1 & 2 \\
\times & & & 6 \\
\hline
\end{array}
$$

❻
$$
\begin{array}{ccc}
 & 1 & 0 & 2 \\
\times & & & 9 \\
\hline
\end{array}
$$

❼
$$
\begin{array}{ccc}
 & 2 & 1 & 9 \\
\times & & & 4 \\
\hline
\end{array}
$$

❽
$$
\begin{array}{ccc}
 & 1 & 2 & 3 \\
\times & & & 4 \\
\hline
\end{array}
$$

❾
$$
\begin{array}{ccc}
 & 1 & 4 & 5 \\
\times & & & 2 \\
\hline
\end{array}
$$

❿
$$
\begin{array}{ccc}
 & 3 & 2 & 8 \\
\times & & & 3 \\
\hline
\end{array}
$$

⓫
$$
\begin{array}{ccc}
 & 1 & 0 & 6 \\
\times & & & 5 \\
\hline
\end{array}
$$

⓬
$$
\begin{array}{ccc}
 & 3 & 3 & 6 \\
\times & & & 2 \\
\hline
\end{array}
$$

⓭
$$
\begin{array}{ccc}
 & 4 & 2 & 8 \\
\times & & & 2 \\
\hline
\end{array}
$$

⓮
$$
\begin{array}{ccc}
 & 3 & 1 & 7 \\
\times & & & 3 \\
\hline
\end{array}
$$

계산해 보세요.

❶ 119 × 4

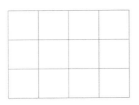

❺ 214 × 3

❾ 114 × 5

❷ 208 × 4

❻ 138 × 2

❿ 339 × 2

❸ 115 × 5

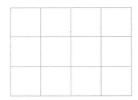

❼ 105 × 9

⓫ 108 × 3

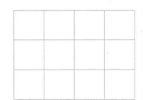

❹ 116 × 4

❽ 347 × 2

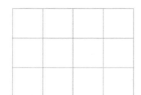

⓬ 327 × 3

🐡 계산해 보세요.

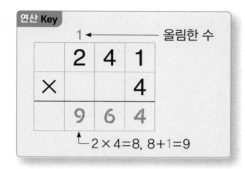

연산 Key

1 ← 올림한 수

$$
\begin{array}{ccc}
 & 2 & 4 & 1 \\
\times & & & 4 \\
\hline
 & 9 & 6 & 4 \\
\end{array}
$$

└ 2 × 4 = 8, 8 + 1 = 9

❶
$$
\begin{array}{ccc}
 & 2 & 5 & 3 \\
\times & & & 2 \\
\hline
\end{array}
$$

❷
$$
\begin{array}{ccc}
 & 1 & 4 & 3 \\
\times & & & 3 \\
\hline
\end{array}
$$

❸
$$
\begin{array}{ccc}
 & 1 & 6 & 2 \\
\times & & & 4 \\
\hline
\end{array}
$$

❹
$$
\begin{array}{ccc}
 & 3 & 6 & 0 \\
\times & & & 2 \\
\hline
\end{array}
$$

❺
$$
\begin{array}{ccc}
 & 1 & 3 & 0 \\
\times & & & 7 \\
\hline
\end{array}
$$

❻
$$
\begin{array}{ccc}
 & 1 & 4 & 1 \\
\times & & & 6 \\
\hline
\end{array}
$$

❼
$$
\begin{array}{ccc}
 & 2 & 5 & 3 \\
\times & & & 3 \\
\hline
\end{array}
$$

❽
$$
\begin{array}{ccc}
 & 1 & 9 & 3 \\
\times & & & 3 \\
\hline
\end{array}
$$

❾
$$
\begin{array}{ccc}
 & 3 & 5 & 4 \\
\times & & & 2 \\
\hline
\end{array}
$$

❿
$$
\begin{array}{ccc}
 & 1 & 4 & 2 \\
\times & & & 3 \\
\hline
\end{array}
$$

⓫
$$
\begin{array}{ccc}
 & 1 & 6 & 0 \\
\times & & & 5 \\
\hline
\end{array}
$$

⓬
$$
\begin{array}{ccc}
 & 4 & 7 & 1 \\
\times & & & 2 \\
\hline
\end{array}
$$

⓭
$$
\begin{array}{ccc}
 & 2 & 3 & 1 \\
\times & & & 4 \\
\hline
\end{array}
$$

⓮
$$
\begin{array}{ccc}
 & 1 & 3 & 1 \\
\times & & & 7 \\
\hline
\end{array}
$$

계산해 보세요.

❶ 172 × 3

❺ 121 × 8

❾ 272 × 2

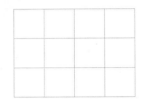

❷ 192 × 4

❻ 451 × 2

❿ 150 × 4

❸ 352 × 2

❼ 243 × 3

⓫ 382 × 2

❹ 291 × 3

❽ 152 × 4

⓬ 191 × 5

백의 자리에서
올림한 수는 곱의
천의 자리에 써요.

 계산해 보세요.

연산 Key

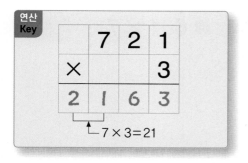

```
    7 2 1
  ×     3
  2 1 6 3
```
└ 7 × 3 = 21

①
```
    5 3 1
  ×     2
```

②
```
    4 0 2
  ×     3
```

③
```
    9 1 1
  ×     8
```

④
```
    6 3 4
  ×     2
```

⑤
```
    5 1 1
  ×     6
```

⑥
```
    8 2 1
  ×     4
```

⑦
```
    6 2 3
  ×     3
```

⑧
```
    5 1 4
  ×     2
```

⑨
```
    7 1 0
  ×     7
```

⑩
```
    8 2 3
  ×     3
```

⑪
```
    9 4 2
  ×     2
```

⑫
```
    3 1 1
  ×     9
```

⑬
```
    7 2 2
  ×     4
```

⑭
```
    8 1 1
  ×     5
```

계산해 보세요.

❶ 533 × 3

❺ 811 × 8

❾ 601 × 7

❷ 910 × 6

❻ 301 × 5

❿ 611 × 9

❸ 421 × 3

❼ 622 × 4

⓫ 734 × 2

❹ 814 × 2

❽ 512 × 3

⓬ 801 × 7

올림한 수는 알맞은 자리에 작게 써 두면 계산 실수를 줄일 수 있어요.

🐡 계산해 보세요.

연산 Key

$$\begin{array}{r} 2 \\ 2\ 1\ 5 \\ \times \qquad 4 \\ \hline 8\ 6\ 0 \end{array}$$

일, 십, 백의 자리 순서로 계산해요.

❶
$$\begin{array}{r} 1\ 1\ 1 \\ \times \qquad 9 \\ \hline \end{array}$$

❷
$$\begin{array}{r} 2\ 8\ 3 \\ \times \qquad 3 \\ \hline \end{array}$$

❸
$$\begin{array}{r} 3\ 1\ 1 \\ \times \qquad 7 \\ \hline \end{array}$$

❹
$$\begin{array}{r} 1\ 1\ 7 \\ \times \qquad 5 \\ \hline \end{array}$$

❺
$$\begin{array}{r} 1\ 2\ 8 \\ \times \qquad 3 \\ \hline \end{array}$$

❻
$$\begin{array}{r} 2\ 5\ 2 \\ \times \qquad 3 \\ \hline \end{array}$$

❼
$$\begin{array}{r} 6\ 0\ 1 \\ \times \qquad 8 \\ \hline \end{array}$$

❽
$$\begin{array}{r} 1\ 2\ 3 \\ \times \qquad 2 \\ \hline \end{array}$$

❾
$$\begin{array}{r} 5\ 1\ 2 \\ \times \qquad 4 \\ \hline \end{array}$$

❿
$$\begin{array}{r} 4\ 2\ 4 \\ \times \qquad 2 \\ \hline \end{array}$$

⓫
$$\begin{array}{r} 7\ 1\ 1 \\ \times \qquad 6 \\ \hline \end{array}$$

⓬
$$\begin{array}{r} 6\ 1\ 2 \\ \times \qquad 3 \\ \hline \end{array}$$

⓭
$$\begin{array}{r} 3\ 3\ 3 \\ \times \qquad 3 \\ \hline \end{array}$$

⓮
$$\begin{array}{r} 2\ 9\ 4 \\ \times \qquad 2 \\ \hline \end{array}$$

🐡 계산해 보세요.

❶ 124 × 4

❼ 104 × 7

⓭ 147 × 2

❷ 312 × 2

❽ 121 × 7

⓮ 263 × 3

❸ 171 × 5

❾ 812 × 4

⓯ 112 × 4

❹ 611 × 8

❿ 109 × 9

⓰ 901 × 6

❺ 448 × 2

⓫ 212 × 3

⓱ 522 × 4

❻ 723 × 3

⓬ 150 × 6

⓲ 912 × 2

올리고
1 1
1 5 9
×   2
――――
3 1 8

$1×2=2, 2+1=3$ $5×2=10, 10+1=11$

더하고~.   더하고~.

2

(세 자리 수)×(한 자리 수)(2)

학습목표 올림이 여러 번 있는 (세 자리 수)×(한 자리 수)의 계산 익히기

원리 깨치기

❶ 올림이 두 번 있는
(세 자리 수)×(한 자리 수)
❷ 올림이 세 번 있는
(세 자리 수)×(한 자리 수)

월	일

이해!

한번 더!

이번에는 올림이 두 번이나 세 번 있는 (세 자리 수)×(한 자리 수)를 공부해 볼 거야.
올림이 여러 번 나올 뿐이지 올림이 한 번 있는 (세 자리 수)×(한 자리 수)처럼 올리고 더하는 것만 잘 기억하면 돼.
자, 그럼 시작해 볼까?

연산력 키우기

❶ DAY	맞은 개수 / 전체 문항
월 일	14
걸린시간 분 초	12

❷ DAY	맞은 개수 / 전체 문항
월 일	14
걸린시간 분 초	12

❸ DAY	맞은 개수 / 전체 문항
월 일	14
걸린시간 분 초	12

❹ DAY	맞은 개수 / 전체 문항
월 일	14
걸린시간 분 초	18

❺ DAY	맞은 개수 / 전체 문항
월 일	11
걸린시간 분 초	18

① **올림이 두 번 있는 (세 자리 수) × (한 자리 수)**

[132 × 7의 계산]

	1	3	2
×			7
		1	4	··· 2 × 7
	2	1	0	··· 30 × 7
7	0	0	··· 100 × 7
	9	2	4

➡

	2	1	
	1	3	2
×			7
	9	2	4

일의 자리에서 올림한 수 **1**은 십의 자리 계산 **3 × 7**에 더하고,
십의 자리에서 올림한 수 **2**는 백의 자리 계산 **1 × 7**에 더합니다.

연산 Key

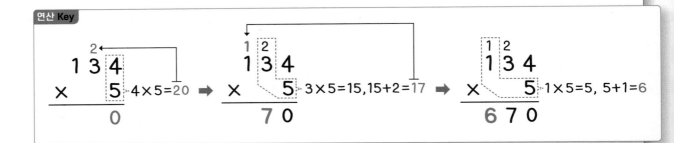

$4 \times 5 = 20$ ➡ $3 \times 5 = 15, 15 + 2 = 17$ ➡ $1 \times 5 = 5, 5 + 1 = 6$

② **올림이 세 번 있는 (세 자리 수) × (한 자리 수)**

[246 × 6의 계산]

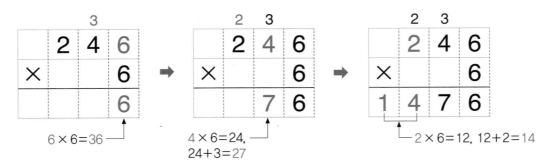

$6 \times 6 = 36$

$4 \times 6 = 24,$
$24 + 3 = 27$

$2 \times 6 = 12, 12 + 2 = 14$

일의 자리, 십의 자리, 백의 자리 순서대로 곱을 구합니다.
이때 올림한 수는 바로 윗자리 곱에 반드시 더해야 합니다.

올림이 두 번 있는 (세 자리 수)×(한 자리 수) (1)

올림한 수를 바로 윗자리 곱에 꼭 더해요.

🐡 계산해 보세요.

연산 Key

$$
\begin{array}{r}
{}^{2}\ {}^{3}\ \\
1\ 3\ 5 \\
\times\quad\ \ 6 \\
\hline
8\ 1\ 0
\end{array}
$$

$1 \times 6 = 6,$ $3 \times 6 = 18,$
$6 + 2 = 8$ $18 + 3 = 21$

❶
$$
\begin{array}{r}
3\ 8\ 9 \\
\times\quad\ \ 2 \\
\hline
\end{array}
$$

❷
$$
\begin{array}{r}
7\ 1\ 5 \\
\times\quad\ \ 5 \\
\hline
\end{array}
$$

❸
$$
\begin{array}{r}
6\ 2\ 5 \\
\times\quad\ \ 2 \\
\hline
\end{array}
$$

❹
$$
\begin{array}{r}
5\ 1\ 3 \\
\times\quad\ \ 7 \\
\hline
\end{array}
$$

❺
$$
\begin{array}{r}
8\ 4\ 6 \\
\times\quad\ \ 2 \\
\hline
\end{array}
$$

❻
$$
\begin{array}{r}
4\ 2\ 6 \\
\times\quad\ \ 3 \\
\hline
\end{array}
$$

❼
$$
\begin{array}{r}
1\ 5\ 9 \\
\times\quad\ \ 4 \\
\hline
\end{array}
$$

❽
$$
\begin{array}{r}
2\ 5\ 1 \\
\times\quad\ \ 9 \\
\hline
\end{array}
$$

❾
$$
\begin{array}{r}
1\ 3\ 9 \\
\times\quad\ \ 6 \\
\hline
\end{array}
$$

❿
$$
\begin{array}{r}
9\ 4\ 5 \\
\times\quad\ \ 2 \\
\hline
\end{array}
$$

⓫
$$
\begin{array}{r}
4\ 6\ 2 \\
\times\quad\ \ 4 \\
\hline
\end{array}
$$

⓬
$$
\begin{array}{r}
2\ 6\ 7 \\
\times\quad\ \ 3 \\
\hline
\end{array}
$$

⓭
$$
\begin{array}{r}
7\ 0\ 2 \\
\times\quad\ \ 9 \\
\hline
\end{array}
$$

⓮
$$
\begin{array}{r}
2\ 5\ 4 \\
\times\quad\ \ 3 \\
\hline
\end{array}
$$

🐡 계산해 보세요.

❶ 385 × 2

❺ 257 × 2

❾ 134 × 6

❷ 674 × 2

❻ 793 × 3

❿ 251 × 7

❸ 724 × 3
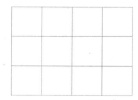

❼ 372 × 4

⓫ 807 × 8

❹ 125 × 5

❽ 399 × 2

⓬ 792 × 4

백의 자리에서 올림한 수는 계산 결과의 천의 자리에 써요.

🐡 계산해 보세요.

연산 Key

```
        6
    2 0 8
  ×     8
  1 6 6 4
```
└ 백의 자리에서 올림한 수

❶
```
    9 3 5
  ×     2
```

❷
```
    2 5 7
  ×     3
```

❸
```
    3 5 2
  ×     4
```

❹
```
    8 1 6
  ×     6
```

❺
```
    7 1 9
  ×     4
```

❻
```
    1 5 9
  ×     6
```

❼
```
    4 9 2
  ×     4
```

❽
```
    4 5 6
  ×     2
```

❾
```
    1 8 5
  ×     4
```

❿
```
    8 3 5
  ×     2
```

⓫
```
    1 2 4
  ×     8
```

⓬
```
    8 2 5
  ×     3
```

⓭
```
    2 0 2
  ×     5
```

⓮
```
    4 6 9
  ×     2
```

🐡 계산해 보세요.

❶ 128 × 6

❺ 417 × 4

❾ 673 × 3

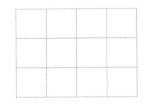

❷ 851 × 7

❻ 375 × 2

❿ 971 × 9

❸ 499 × 2

❼ 583 × 3

⓫ 132 × 7

❹ 157 × 6

❽ 616 × 5

⓬ 884 × 2

🐡 계산해 보세요.

연산 Key

$$\begin{array}{r} \overset{2\ \ 3}{3\ 2\ 4} \\ \times\ \ \ \ \ \ \ 9 \\ \hline 2\ 9\ 1\ 6 \end{array}$$

❶
$$\begin{array}{r} 2\ 9\ 6 \\ \times\ \ \ \ \ \ \ 5 \\ \hline \end{array}$$

❷
$$\begin{array}{r} 3\ 5\ 4 \\ \times\ \ \ \ \ \ \ 8 \\ \hline \end{array}$$

❸
$$\begin{array}{r} 8\ 9\ 2 \\ \times\ \ \ \ \ \ \ 7 \\ \hline \end{array}$$

❹
$$\begin{array}{r} 5\ 3\ 6 \\ \times\ \ \ \ \ \ \ 8 \\ \hline \end{array}$$

❺
$$\begin{array}{r} 4\ 6\ 5 \\ \times\ \ \ \ \ \ \ 4 \\ \hline \end{array}$$

❻
$$\begin{array}{r} 2\ 5\ 3 \\ \times\ \ \ \ \ \ \ 6 \\ \hline \end{array}$$

❼
$$\begin{array}{r} 7\ 3\ 5 \\ \times\ \ \ \ \ \ \ 9 \\ \hline \end{array}$$

❽
$$\begin{array}{r} 9\ 6\ 3 \\ \times\ \ \ \ \ \ \ 4 \\ \hline \end{array}$$

❾
$$\begin{array}{r} 5\ 4\ 6 \\ \times\ \ \ \ \ \ \ 3 \\ \hline \end{array}$$

❿
$$\begin{array}{r} 5\ 5\ 5 \\ \times\ \ \ \ \ \ \ 2 \\ \hline \end{array}$$

⓫
$$\begin{array}{r} 6\ 9\ 7 \\ \times\ \ \ \ \ \ \ 3 \\ \hline \end{array}$$

⓬
$$\begin{array}{r} 4\ 8\ 6 \\ \times\ \ \ \ \ \ \ 6 \\ \hline \end{array}$$

⓭
$$\begin{array}{r} 8\ 2\ 5 \\ \times\ \ \ \ \ \ \ 5 \\ \hline \end{array}$$

⓮
$$\begin{array}{r} 7\ 6\ 5 \\ \times\ \ \ \ \ \ \ 2 \\ \hline \end{array}$$

계산해 보세요.

① 687 × 6

⑤ 579 × 3

⑨ 556 × 8

② 746 × 4

⑥ 528 × 9

⑩ 856 × 2

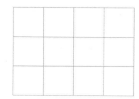

③ 455 × 3

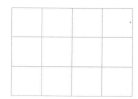

⑦ 679 × 7

⑪ 333 × 4

④ 952 × 5

⑧ 385 × 6

⑫ 722 × 8

🐡 계산해 보세요.

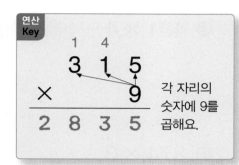

연산 Key

$$\begin{array}{r} \overset{1\quad 4}{3\ 1\ 5} \\ \times\qquad 9 \\ \hline 2\ 8\ 3\ 5 \end{array}$$

각 자리의 숫자에 9를 곱해요.

❶
$$\begin{array}{r} 1\ 3\ 5 \\ \times\qquad 5 \\ \hline \end{array}$$

❷
$$\begin{array}{r} 3\ 4\ 1 \\ \times\qquad 6 \\ \hline \end{array}$$

❸
$$\begin{array}{r} 8\ 5\ 6 \\ \times\qquad 3 \\ \hline \end{array}$$

❹
$$\begin{array}{r} 3\ 3\ 3 \\ \times\qquad 6 \\ \hline \end{array}$$

⑤
$$\begin{array}{r} 6\ 1\ 9 \\ \times\qquad 4 \\ \hline \end{array}$$

⑥
$$\begin{array}{r} 1\ 2\ 3 \\ \times\qquad 7 \\ \hline \end{array}$$

⑦
$$\begin{array}{r} 2\ 2\ 0 \\ \times\qquad 9 \\ \hline \end{array}$$

⑧
$$\begin{array}{r} 4\ 8\ 3 \\ \times\qquad 4 \\ \hline \end{array}$$

⑨
$$\begin{array}{r} 7\ 6\ 1 \\ \times\qquad 5 \\ \hline \end{array}$$

⑩
$$\begin{array}{r} 4\ 4\ 1 \\ \times\qquad 6 \\ \hline \end{array}$$

⑪
$$\begin{array}{r} 5\ 8\ 2 \\ \times\qquad 2 \\ \hline \end{array}$$

⑫
$$\begin{array}{r} 6\ 2\ 8 \\ \times\qquad 3 \\ \hline \end{array}$$

⑬
$$\begin{array}{r} 7\ 2\ 0 \\ \times\qquad 7 \\ \hline \end{array}$$

⑭
$$\begin{array}{r} 1\ 9\ 4 \\ \times\qquad 3 \\ \hline \end{array}$$

계산해 보세요.

❶ 286 × 6

❷ 987 × 2

❸ 942 × 4

❹ 321 × 8

❺ 642 × 7

❻ 128 × 5

❼ 650 × 3

❽ 571 × 7

❾ 152 × 6

❿ 852 × 5

⓫ 261 × 8

⓬ 277 × 2

⓭ 481 × 4

⓮ 374 × 3

⓯ 134 × 7

⓰ 881 × 6

⓱ 279 × 3

⓲ 691 × 4

1부터 9까지의 숫자 중에서 □ 안에 알맞은 수를 써넣으세요.

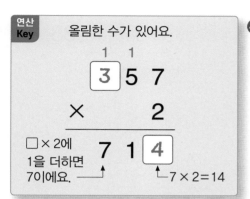

연산 Key
올림한 수가 있어요.

```
    1 1
  3 5 7
×     2
───────
  7 1 4
```
□×2에 1을 더하면 7이에요. 7×2=14

❹
```
  □ 3 □
×     4
───────
1 7 2 8
```

❽
```
  8 7 3
×     □
───────
2 □ 1 9
```

❶
```
  □ 5 6
×     6
───────
  9 3 □
```

❺
```
  □ 8 7
×     2
───────
1 3 □ 4
```

❾
```
  □ 4 □
×     9
───────
8 4 6 9
```

❷
```
  □ □ 4
×     2
───────
1 5 0 8
```

❻
```
  4 9 □
×     3
───────
□ 4 8 5
```

❿
```
  □ 3 6
×     7
───────
□ 7 5 2
```

❸
```
  □ 6 9
×     □
───────
  8 4 5
```

❼
```
  □ 2 1
×     □
───────
6 5 6 8
```

⓫
```
  1 2 2
×     □
───────
  □ 3 2
```

5 DAY

올림이 여러 번 있는 (세 자리 수)×(한 자리 수)(2)

🐡 두 수의 곱을 구하세요.

❶ | 876 | 4 |

❷ | 402 | 8 |

❸ | 283 | 4 |

❹ | 709 | 9 |

❺ | 396 | 2 |

❻ | 935 | 7 |

❼ | 270 | 9 |

❽ | 773 | 4 |

❾ | 816 | 5 |

❿ | 418 | 3 |

⓫ | 515 | 6 |

⓬ | 397 | 2 |

⓭ | 5 | 183 |

⓮ | 3 | 159 |

⓯ | 6 | 602 |

⓰ | 9 | 222 |

⓱ | 3 | 356 |

⓲ | 8 | 561 |

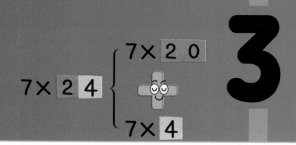

3

(두 자리 수)×(두 자리 수)(1), (한 자리 수)×(두 자리 수)

학습목표 1. (몇십)×(몇십)의 계산 익히기
2. (몇십몇)×(몇십)의 계산 익히기
3. (몇)×(몇십몇)의 계산 익히기

원리 깨치기

❶ (몇십)×(몇십)
❷ (몇십몇)×(몇십)
❸ (몇)×(몇십몇)

월   일

이해!   한번 더!

20은 2의 10배, 30은 3의 10배라는 건 알고 있지? 이것을 이용하여 (몇십)×(몇십), (몇십몇)×(몇십), (몇)×(몇십몇)을 배울 거야.
자, 시작해 볼까?

연산력 키우기

❶ DAY		맞은 개수	
			전체 문항
월	일		23
걸린시간 분	초		27
❷ DAY		맞은 개수	
			전체 문항
월	일		17
걸린시간 분	초		18
❸ DAY		맞은 개수	
			전체 문항
월	일		17
걸린시간 분	초		18
❹ DAY		맞은 개수	
			전체 문항
월	일		15
걸린시간 분	초		16
❺ DAY		맞은 개수	
			전체 문항
월	일		17
걸린시간 분	초		18

원리 깨치기

① (몇십) × (몇십)

[20 × 70의 계산]

$$2 \times 7 = 14$$

10배　　10배　　100배

$$20 \times 70 = 1400$$

➡

		2	0
×		7	0
1	4	0	0

└─ 2 × 7

20 × 70은 2 × 7에 0을 2개 붙여 줍니다.

② (몇십몇) × (몇십)

[14 × 20의 계산]

$$14 \times 2 = 28$$

10배　　10배

$$14 \times 20 = 280$$

➡

	1	4
×	2	0
2	8	0

└─ 14 × 2

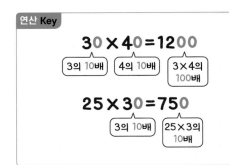

연산 Key

$$30 \times 40 = 1200$$

3의 10배　4의 10배　3×4의 100배

$$25 \times 30 = 750$$

3의 10배　25×3의 10배

14 × 20은 14 × 2에 0을 1개 붙여 줍니다.

③ (몇) × (몇십몇)

[6 × 23의 계산]

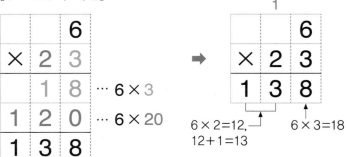

		6
×	2	3
	1	8
1	2	0
1	3	8

1 8 … 6 × 3
1 2 0 … 6 × 20

➡

1

		6
×	2	3
1	3	8

6 × 2=12,　　6 × 3=18
12+1=13

연산 Key

8의 30배 > $8 \times 30 = 240$

8의 2배 > $8 \times 2 = 16$

－－－－－－－－－

8의 32배 > $8 \times 32 = 256$

6 × 23은 6 × 20과 6 × 3의 합으로 구합니다.
일의 자리에서 올림한 수 1은 십의 자리 계산 6 × 2에 더합니다.

🐡 계산해 보세요.

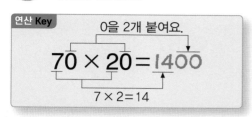

연산 Key

0을 2개 붙여요.

$$70 \times 20 = 1400$$

$7 \times 2 = 14$

❶ 40 × 90

❷ 20 × 60

❸ 30 × 30

❹ 40 × 40

❺ 40 × 80

❻ 50 × 70

❼ 60 × 50

❽ 90 × 90

❾ 20 × 20

❿ 30 × 70

⓫ 50 × 20

⓬ 60 × 30

⓭ 70 × 40

⓮ 70 × 60

⓯ 80 × 30

⓰ 80 × 50

⓱ 80 × 80

⓲ 90 × 20

⓳ 90 × 40

⓴ 60 × 70

㉑ 30 × 90

㉒ 60 × 60

㉓ 50 × 30

🐡 계산해 보세요.

① 12 × 30

② 32 × 20

③ 21 × 40

④ 23 × 30

⑤ 51 × 70

⑥ 62 × 30

⑦ 43 × 20

⑧ 92 × 40

⑨ 82 × 70

⑩ 45 × 60

⑪ 28 × 40

⑫ 64 × 70

⑬ 13 × 50

⑭ 22 × 20

⑮ 14 × 30

⑯ 96 × 60

⑰ 52 × 80

⑱ 78 × 90

⑲ 37 × 60

⑳ 88 × 20

㉑ 38 × 70

㉒ 57 × 20

㉓ 16 × 30

㉔ 29 × 40

㉕ 43 × 60

㉖ 62 × 80

㉗ 79 × 50

🐡 계산해 보세요.

연산 Key

		9	0
×		5	0
4	5	0	0

└─ 9×5의 100배예요.

❶
		4	0
×		7	0

❷
		4	0
×		5	0

❸
		9	0
×		6	0

❹
		3	0
×		6	0

❺
		7	0
×		3	0

❻
		2	0
×		9	0

❼
		6	0
×		8	0

❽
		3	0
×		2	0

❾
		8	0
×		7	0

❿
		5	0
×		4	0

⓫
		9	0
×		7	0

⓬
		8	0
×		4	0

⓭
		4	0
×		3	0

⓮
		7	0
×		5	0

⓯
		2	0
×		8	0

⓰
		6	0
×		9	0

⓱
		2	0
×		5	0

계산해 보세요.

❶
$$\begin{array}{r} 4\ 4 \\ \times\ 6\ 0 \\ \hline \end{array}$$

❷
$$\begin{array}{r} 2\ 3 \\ \times\ 5\ 0 \\ \hline \end{array}$$

❸
$$\begin{array}{r} 8\ 4 \\ \times\ 2\ 0 \\ \hline \end{array}$$

❹
$$\begin{array}{r} 3\ 6 \\ \times\ 9\ 0 \\ \hline \end{array}$$

❺
$$\begin{array}{r} 7\ 1 \\ \times\ 7\ 0 \\ \hline \end{array}$$

❻
$$\begin{array}{r} 6\ 7 \\ \times\ 2\ 0 \\ \hline \end{array}$$

❼
$$\begin{array}{r} 5\ 5 \\ \times\ 2\ 0 \\ \hline \end{array}$$

❽
$$\begin{array}{r} 1\ 5 \\ \times\ 9\ 0 \\ \hline \end{array}$$

❾
$$\begin{array}{r} 9\ 4 \\ \times\ 8\ 0 \\ \hline \end{array}$$

❿
$$\begin{array}{r} 2\ 5 \\ \times\ 4\ 0 \\ \hline \end{array}$$

⓫
$$\begin{array}{r} 5\ 8 \\ \times\ 8\ 0 \\ \hline \end{array}$$

⓬
$$\begin{array}{r} 4\ 2 \\ \times\ 6\ 0 \\ \hline \end{array}$$

⓭
$$\begin{array}{r} 1\ 1 \\ \times\ 3\ 0 \\ \hline \end{array}$$

⓮
$$\begin{array}{r} 6\ 3 \\ \times\ 4\ 0 \\ \hline \end{array}$$

⓯
$$\begin{array}{r} 7\ 5 \\ \times\ 5\ 0 \\ \hline \end{array}$$

⓰
$$\begin{array}{r} 9\ 5 \\ \times\ 8\ 0 \\ \hline \end{array}$$

⓱
$$\begin{array}{r} 8\ 6 \\ \times\ 3\ 0 \\ \hline \end{array}$$

⓲
$$\begin{array}{r} 4\ 8 \\ \times\ 5\ 0 \\ \hline \end{array}$$

연산력 키우기 **3 DAY** **(몇)×(몇십몇)⑴**

일의 자리에서 올림한 수는
십의 자리 위에 작게 써서
잊지 않도록 해요.

🐡 계산해 보세요.

연산 Key

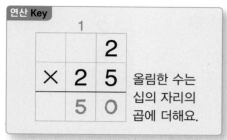

올림한 수는
십의 자리의
곱에 더해요.

❶
		2
×	6	8

❷
		3
×	2	4

❸
		7
×	1	8

❹
		5
×	2	6

❺
		8
×	9	2

❻
		4
×	5	9

❼
		9
×	4	9

❽
		8
×	8	4

❾
		4
×	2	3

❿
		3
×	5	2

⓫
		2
×	4	5

⓬
		6
×	2	2

⓭
		5
×	4	1

⓮
		7
×	4	6

⓯
		2
×	7	3

⓰
		9
×	2	7

⓱
		6
×	1	8

🐡 계산해 보세요.

①
		8
×	4	1

⑦
		3
×	8	5

⑬
		2
×	7	8

②
		8
×	3	7

⑧
		9
×	9	3

⑭
		5
×	1	5

③
		2
×	8	6

⑨
		4
×	7	4

⑮
		6
×	3	9

④
		2
×	7	9

⑩
		7
×	3	7

⑯
		9
×	8	8

⑤
		7
×	9	2

⑪
		5
×	5	3

⑰
		3
×	9	1

⑥
		4
×	3	6

⑫
		6
×	6	4

⑱
		8
×	2	5

🐡 계산해 보세요.

❹ 3 × 27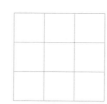

❽ 2 × 53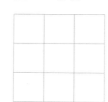

⑫ 5 × 47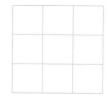

❶ 4 × 63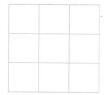

❺ 5 × 88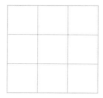

❾ 7 × 32

⑬ 6 × 75

❷ 7 × 42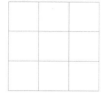

❻ 8 × 86

❿ 6 × 28

⑭ 3 × 63

❸ 2 × 29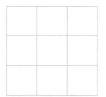

❼ 4 × 79

⑪ 9 × 97

⑮ 8 × 59

🐡 계산해 보세요.

❶ 2 × 63

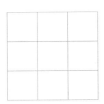

❺ 8 × 33

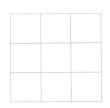

❾ 5 × 29

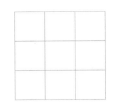

⓭ 2 × 49

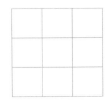

❷ 5 × 55

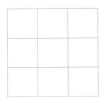

❻ 3 × 45

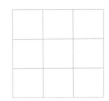

❿ 9 × 32

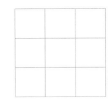

⓮ 6 × 95

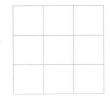

❸ 8 × 29

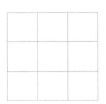

❼ 4 × 97

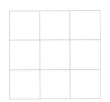

⓫ 6 × 37

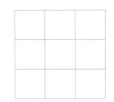

⓯ 7 × 53

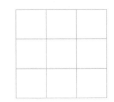

❹ 4 × 47

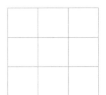

❽ 9 × 56

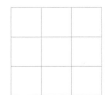

⓬ 7 × 21

⓰ 3 × 69

🐡 계산해 보세요.

연산 Key

```
      4
      8
×   7 6
─────────
  6 0 8
```

❶
```
    6 4
×   4 0
```

❷
```
      2
×   3 6
```

❸
```
    3 5
×   7 0
```

❹
```
    5 0
×   5 0
```

❺
```
      4
×   6 6
```

❻
```
      3
×   3 9
```

❼
```
    5 5
×   6 0
```

❽
```
      9
×   5 4
```

❾
```
    2 0
×   7 0
```

❿
```
    7 2
×   8 0
```

⓫
```
      5
×   8 9
```

⓬
```
    6 0
×   2 0
```

⓭
```
    4 3
×   4 0
```

⓮
```
      7
×   7 3
```

⓯
```
      6
×   2 1
```

⓰
```
    8 9
×   9 0
```

⓱
```
    2 4
×   5 0
```

계산해 보세요.

❶ 18 × 70

❷ 2 × 39

❸ 3 × 44

❹ 29 × 60

❺ 70 × 90

❻ 4 × 58

❼ 5 × 94

❽ 6 × 32

❾ 30 × 80

❿ 75 × 70

⓫ 8 × 64

⓬ 90 × 30

⓭ 50 × 80

⓮ 38 × 40

⓯ 53 × 70

⓰ 7 × 29

⓱ 40 × 60

⓲ 9 × 55

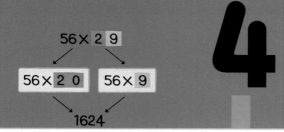

4

(두 자리 수)×(두 자리 수)(2)

학습목표 1. 올림이 한 번 있는 (두 자리 수)×(두 자리 수)의 계산 익히기
2. 올림이 여러 번 있는 (두 자리 수)×(두 자리 수)의 계산 익히기

원리 깨치기

❶ 올림이 한 번 있는
  (두 자리 수)×(두 자리 수)
❷ 올림이 여러 번 있는
  (두 자리 수)×(두 자리 수)

월	일

이해!   한번 더!

이번에는 35×12와 같이 두 자리
수끼리의 곱셈을 배울 거야. 여기서는
곱하는 수 12를 십의 자리 숫자 1과
일의 자리 숫자 2로 각각 생각하는
것이 중요해. 물론 이번에도 올림한
수가 있으면 바로 위의 자리 계산 결
과에 더하는 건 똑같아.
이제 시작해 볼까?

연산력 키우기

❶ DAY	맞은 개수	
월 일	전체 문항	14
걸린시간 분 초		16
❷ DAY	맞은 개수	
월 일	전체 문항	15
걸린시간 분 초		16
❸ DAY	맞은 개수	
월 일	전체 문항	14
걸린시간 분 초		16
❹ DAY	맞은 개수	
월 일	전체 문항	15
걸린시간 분 초		16
❺ DAY	맞은 개수	
월 일	전체 문항	15
걸린시간 분 초		15

원리 깨치기

❶ 올림이 한 번 있는 (두 자리 수) × (두 자리 수)

[35 × 12의 계산]

일의 자리 계산에서 올림한 수는 십의 자리 위에 작게 씁니다.

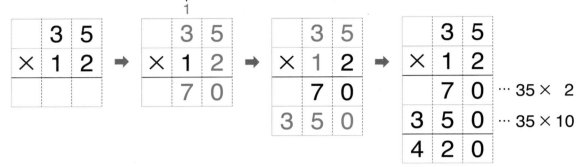

35 × 12는 35 × 10과 35 × 2의 합으로 구합니다.

연산 Key

42의 10배	42 × 10 = 420
42의 4배	42 × 4 = 168
42의 14배	42 × 14 = 588

❷ 올림이 여러 번 있는 (두 자리 수) × (두 자리 수)

[56 × 29의 계산]

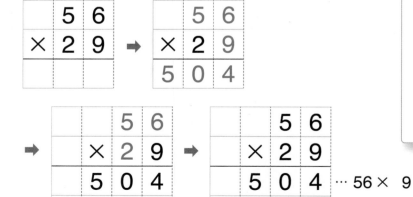

연산 Key

백	십	일	
	1	6	
×	2	9	
1	4	4	
3	2		←
4	6	4	

16 × 2 = 32
[십의 자리 숫자]
일의 자리에 0은 쓰지 않기도 해요.

56 × 29는 56 × 20과 56 × 9의 합으로 구합니다.

😊 계산해 보세요.

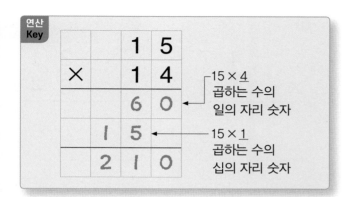

연산 Key

```
      1 5
  ×   1 4
─────────
      6 0   ← 15 × 4  곱하는 수의 일의 자리 숫자
    1 5     ← 15 × 1  곱하는 수의 십의 자리 숫자
─────────
  2 1 0
```

❼
```
      5 1
  ×   1 4
─────────
```

⓫
```
      3 1
  ×   5 2
─────────
```

❶
```
      2 1
  ×   4 5
─────────
```

❹
```
      2 3
  ×   4 2
─────────
```

❽
```
      6 4
  ×   1 2
─────────
```

⓬
```
      4 1
  ×   7 1
─────────
```

❷
```
      2 3
  ×   4 3
─────────
```

❺
```
      2 9
  ×   1 3
─────────
```

❾
```
      1 7
  ×   1 5
─────────
```

⓭
```
      7 1
  ×   1 7
─────────
```

❸
```
      3 1
  ×   2 5
─────────
```

❻
```
      9 1
  ×   1 4
─────────
```

❿
```
      8 2
  ×   1 3
─────────
```

⓮
```
      3 9
  ×   2 1
─────────
```

올림이 한 번 있는 (두 자리 수)×(두 자리 수)⑴

1 DAY

🐡 계산해 보세요.

❶
```
      3 2
×     1 4
```

❷
```
      1 2
×     1 6
```

❸
```
      1 8
×     1 3
```

❹
```
      6 3
×     3 1
```

❺
```
      9 1
×     1 7
```

❻
```
      5 2
×     1 2
```

❼
```
      5 2
×     1 4
```

❽
```
      2 3
×     2 4
```

❾
```
      4 7
×     1 2
```

❿
```
      3 1
×     1 6
```

⓫
```
      8 1
×     8 1
```

⓬
```
      7 2
×     4 1
```

⓭
```
      2 1
×     6 4
```

⓮
```
      1 9
×     3 1
```

⓯
```
      3 7
×     1 2
```

⓰
```
      2 8
×     2 1
```

세로셈으로 바꿀 때에는 자리를 잘 맞추어 옮겨 적어야 해요.

🐡 계산해 보세요.

연산 Key 17×12

```
      1 7
×     1 2
    ─────
      3 4
    1 7
    ─────
    2 0 4
```

❹ 41 × 27

❽ 52 × 13

⑫ 14 × 61

❶ 15 × 15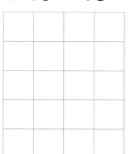

❺ 61 × 18

❾ 73 × 13

⑬ 21 × 16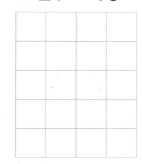

❷ 25 × 13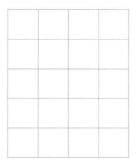

❻ 28 × 12

❿ 31 × 14

⑭ 82 × 12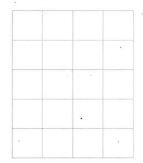

❸ 61 × 31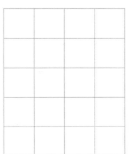

❼ 12 × 15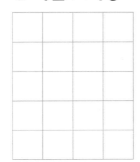

⓫ 91 × 51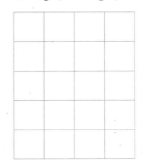

⑮ 42 × 41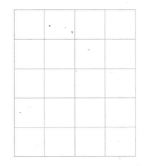

계산해 보세요.

❶ 12 × 84

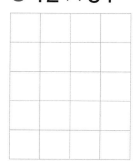

❺ 83 × 12

❾ 17 × 14

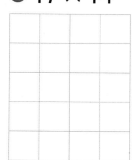

⓭ 91 × 21

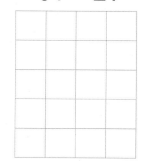

❷ 31 × 51

❻ 41 × 18

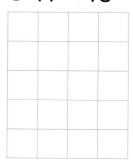

❿ 61 × 16

⓮ 53 × 13

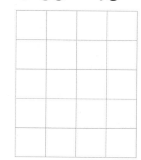

❸ 51 × 51

❼ 92 × 14

⓫ 35 × 21

⓯ 74 × 12

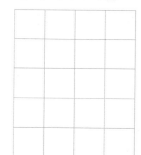

❹ 72 × 13

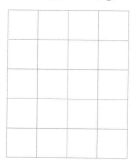

❽ 62 × 21

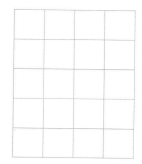

⓬ 41 × 81

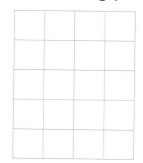

⓰ 82 × 41

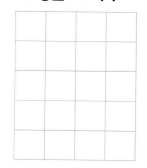

곱하는 수를 십의 자리와 일의 자리로 나누어 각각 계산해요.

🐡 계산해 보세요.

연산 Key

```
      4 8
  ×   5 6
  ─────────
    2 8 8
  2 4 0 0
  ─────────
  2 6 8 8
```

일의 자리에 0은 쓰지 않아도 돼요.

 곱을 구한 후 선을 긋고 합을 구해요.

❶
```
      1 2
  ×   8 7
```

❷
```
      2 9
  ×   4 6
```

❸
```
      6 5
  ×   1 3
```

❹
```
      7 1
  ×   3 8
```

❺
```
      3 3
  ×   4 8
```

❻
```
      8 8
  ×   2 9
```

❼
```
      2 2
  ×   8 9
```

❽
```
      5 3
  ×   9 3
```

❾
```
      9 5
  ×   7 1
```

❿
```
      4 5
  ×   1 7
```

⓫
```
      7 8
  ×   2 6
```

⓬
```
      3 1
  ×   6 9
```

⓭
```
      6 2
  ×   4 5
```

⓮
```
      8 2
  ×   7 9
```

올림이 여러 번 있는 (두 자리 수)×(두 자리 수)(1)

🐡 계산해 보세요.

①
```
   1 2
 × 9 7
```

⑤
```
   6 4
 × 1 8
```

⑨
```
   1 4
 × 4 8
```

⑬
```
   4 5
 × 6 6
```

②
```
   8 3
 × 7 6
```

⑥
```
   4 2
 × 2 8
```

⑩
```
   2 8
 × 6 1
```

⑭
```
   9 8
 × 9 1
```

③
```
   2 6
 × 3 7
```

⑦
```
   7 3
 × 1 4
```

⑪
```
   5 2
 × 7 7
```

⑮
```
   3 4
 × 3 4
```

④
```
   3 8
 × 2 3
```

⑧
```
   9 5
 × 4 5
```

⑫
```
   8 5
 × 4 8
```

⑯
```
   7 2
 × 2 4
```

🐡 계산해 보세요.

연산 Key **49 × 26**

		4	9
	×	2	6
	2	9	4
	9	8	
1	2	7	4

❹ 19 × 48

❽ 83 × 93

⓬ 43 × 37

❶ 23 × 72

❺ 68 × 23

❾ 21 × 97

⓭ 91 × 77

❷ 35 × 42

❻ 48 × 42

❿ 53 × 18

⓮ 69 × 34

❸ 52 × 82

❼ 93 × 65

⓫ 85 × 19

⓯ 78 × 19

계산해 보세요.

❶ 64 × 27

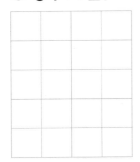

❺ 87 × 23

❾ 22 × 29

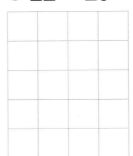

⓭ 32 × 46

❷ 23 × 56

❻ 51 × 64

❿ 94 × 27

⓮ 71 × 58

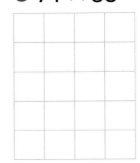

❸ 33 × 68

❼ 72 × 65

⓫ 45 × 42

⓯ 63 × 93

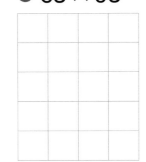

❹ 44 × 23

❽ 41 × 97

⓬ 52 × 89

⓰ 81 × 68

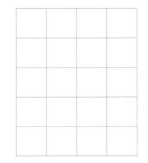

계산해 보세요.

연산 Key

```
    1 2
  × 5 3
    3 6
  6 0
  6 3 6
```
자리를 맞춰서 계산해요.

④
```
    2 2
  × 4 5
```

⑧
```
    7 9
  × 3 8
```

⑫
```
    8 3
  × 2 1
```

❶
```
    2 1
  × 1 8
```

⑤
```
    6 3
  × 3 6
```

⑨
```
    3 2
  × 2 4
```

⑬
```
    1 9
  × 9 7
```

❷
```
    4 4
  × 3 8
```

⑥
```
    5 1
  × 1 7
```

⑩
```
    6 2
  × 1 4
```

⑭
```
    7 9
  × 7 1
```

❸
```
    3 8
  × 1 3
```

⑦
```
    8 3
  × 4 2
```

⑪
```
    4 7
  × 6 5
```

⑮
```
    9 4
  × 2 2
```

5 DAY (두 자리 수)×(두 자리 수)

 계산해 보세요.

❶ 15 × 61

❻ 52 × 76

⑪ 78 × 49

❷ 18 × 51

❼ 53 × 32

⑫ 51 × 71

❸ 49 × 73

❽ 95 × 95

⑬ 62 × 31

❹ 21 × 53

❾ 41 × 82

⑭ 88 × 33

❺ 36 × 27

❿ 66 × 39

⑮ 73 × 12

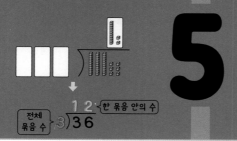

5

(두 자리 수)÷(한 자리 수) (1)

학습목표
1. 내림이 없는 (몇십)÷(몇)의 계산 익히기
2. 내림이 있는 (몇십)÷(몇)의 계산 익히기
3. 내림이 없는 (몇십몇)÷(몇)의 계산 익히기
4. 내림이 있는 (몇십몇)÷(몇)의 계산 익히기

원리 깨치기

❶ 내림이 없는 (몇십)÷(몇), 내림이 있는 (몇십)÷(몇)
❷ 내림이 없는 (몇십몇)÷(몇)
❸ 내림이 있는 (몇십몇)÷(몇)

월   일

 이해 !

 한번 더 !

20÷5는 5×4=20을 이용해서 48÷8은 8×6=48을 이용해서 몫을 구했어. 이번에는 20÷2와 48÷4와 같이 곱셈구구표에서 찾을 수 없는 경우의 나눗셈에 대해 공부해 볼 거야. 어려울 것 같다고? 차근차근 함께 해 보면 어렵지 않을 거야. 그럼 출발!

연산력 키우기

❶ DAY		맞은 개수	
월	일		전체 문항
			11
걸린시간 분	초		12
❷ DAY		맞은 개수	
월	일		전체 문항
			11
걸린시간 분	초		12
❸ DAY		맞은 개수	
월	일		전체 문항
			11
걸린시간 분	초		12
❹ DAY		맞은 개수	
월	일		전체 문항
			11
걸린시간 분	초		12
❺ DAY		맞은 개수	
월	일		전체 문항
			15
걸린시간 분	초		16

1 내림이 없는 (몇십) ÷ (몇), 내림이 있는 (몇십) ÷ (몇)

[80 ÷ 2의 계산]

10배
8 ÷ 2 = 4 ➡ 80 ÷ 2 = 40
10배

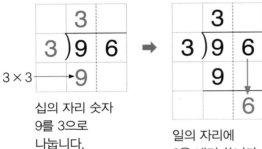

[80 ÷ 5의 계산]

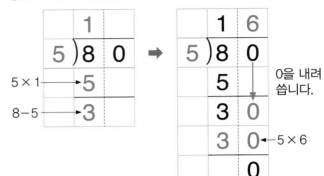

0을 내려
씁니다.

2 내림이 없는 (몇십몇) ÷ (몇)

[96 ÷ 3의 계산]

연산 Key

일의 자리부터
나누면 안 돼!!

십의 자리부터
계산해요~.

3 × 3 → 9

십의 자리 숫자
9를 3으로
나눕니다.

일의 자리에
6을 내려 씁니다.

6을 3으로 나눕니다.

3 내림이 있는 (몇십몇) ÷ (몇)

[48 ÷ 3의 계산]

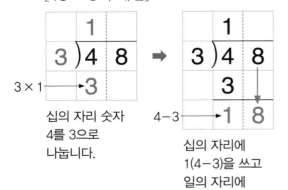

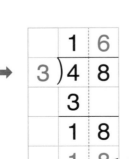

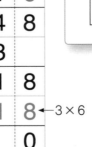

연산 Key

나누는 수

12 ← 몫

36 ÷ 3 = 12 ➡ 3)36

나누어지는 수

3 × 1 → 3

십의 자리 숫자
4를 3으로
나눕니다.

4 − 3 → 1 8

십의 자리에
1(4−3)을 쓰고
일의 자리에
8을 내려 씁니다.

18을 3으로 나눕니다.

🐡 계산해 보세요.

연산 Key

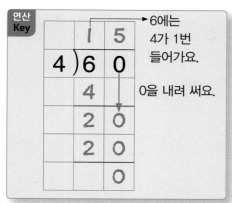

→ 6에는
4가 1번
들어가요.

0을 내려 써요.

❹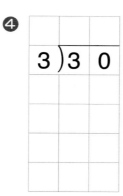

❽

❶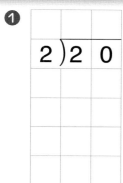

❺

❾

❷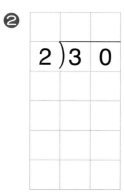

❻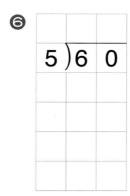

❿

❸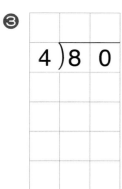

❼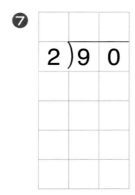

⓫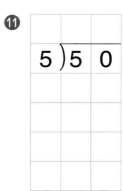

계산해 보세요.

➊ 60 ÷ 3

➍ 70 ÷ 5

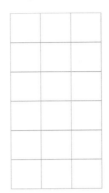

➐ 90 ÷ 6

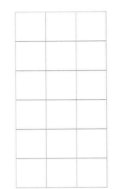

➓ 40 ÷ 2

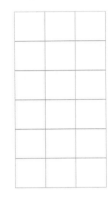

➋ 80 ÷ 8

➎ 80 ÷ 5

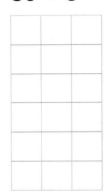

➑ 60 ÷ 2

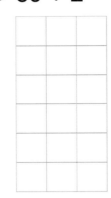

⓫ 90 ÷ 3

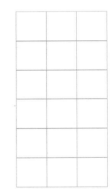

➌ 80 ÷ 2

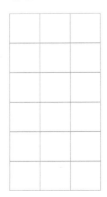

➏ 40 ÷ 4

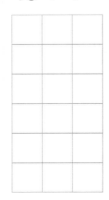

➒ 60 ÷ 6

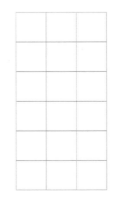

⓬ 90 ÷ 5

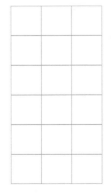

🐡 계산해 보세요.

연산 Key

④

⑧

①
$$2\overline{)22}$$

⑤

⑨

②
$$2\overline{)88}$$

⑥

⑩

③
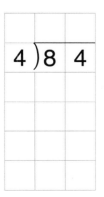

⑦

⑪

2 DAY 내림이 없는 (몇십몇) ÷ (몇)

🐡 계산해 보세요.

❶ 48 ÷ 4

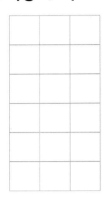

❹ 66 ÷ 6

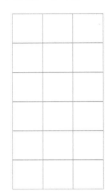

❼ 33 ÷ 3

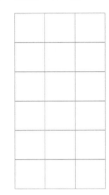

❿ 82 ÷ 2

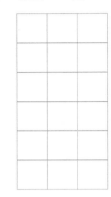

❷ 28 ÷ 2

❺ 96 ÷ 3

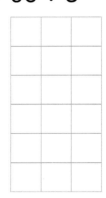

❽ 88 ÷ 8

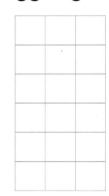

⓫ 62 ÷ 2

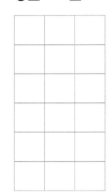

❸ 64 ÷ 2

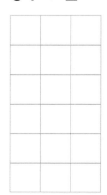

❻ 88 ÷ 4

❾ 46 ÷ 2

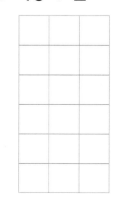

⓬ 93 ÷ 3

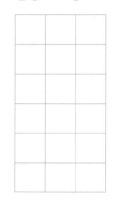

🐡 계산해 보세요.

연산 Key

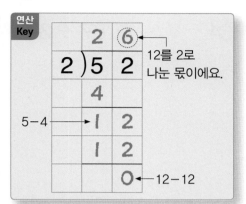

```
        2  ⑥
   2 ) 5  2        ← 12를 2로 나눈 몫이에요.
        4
5-4 → 1  2
        1  2
           0        ← 12-12
```

❶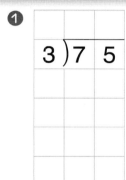

```
3 ) 7  5
```

❷

```
4 ) 6  4
```

❸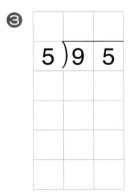

```
5 ) 9  5
```

❹

```
4 ) 7  2
```

❺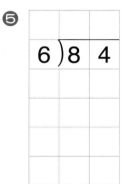

```
6 ) 8  4
```

❻

```
3 ) 4  5
```

❼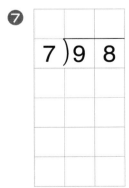

```
7 ) 9  8
```

❽

```
2 ) 5  6
```

❾

```
6 ) 7  2
```

❿

```
7 ) 8  4
```

⓫

```
8 ) 9  6
```

내림이 있는 (몇십몇)÷(몇)⑴

 계산해 보세요.

① 36 ÷ 2

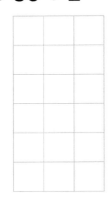

④ 85 ÷ 5

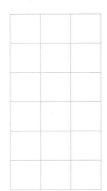

⑦ 96 ÷ 4

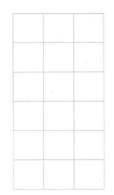

⑩ 87 ÷ 3

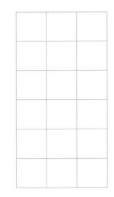

② 78 ÷ 3

⑤ 96 ÷ 6

⑧ 34 ÷ 2

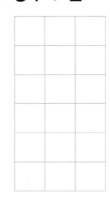

⑪ 92 ÷ 4

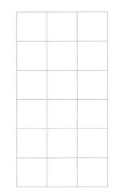

③ 54 ÷ 3

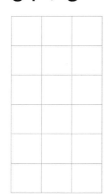

⑥ 58 ÷ 2

⑨ 48 ÷ 3

⑫ 96 ÷ 2

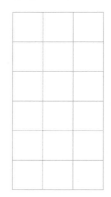

내림이 있는 (몇십몇)÷(몇) (2)

🐡 계산해 보세요.

연산 Key

```
      1 9
  4 ) 7 6
      4
      3 6
      3 6
          0
```

76에는 4가 19번 들어가요.

❶
```
  3 ) 5 1
```

❷
```
  2 ) 7 8
```

❸
```
  4 ) 5 2
```

❹
```
  6 ) 7 8
```

❺
```
  4 ) 6 8
```

❻
```
  3 ) 5 7
```

❼
```
  2 ) 5 4
```

❽
```
  2 ) 7 4
```

❾
```
  5 ) 6 5
```

❿
```
  2 ) 9 4
```

⓫
```
  3 ) 8 4
```

4 DAY 내림이 있는 (몇십몇)÷(몇)(2)

 계산해 보세요.

❶ 52 ÷ 2

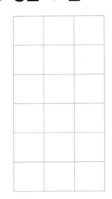

❹ 72 ÷ 2

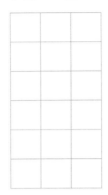

❼ 91 ÷ 7

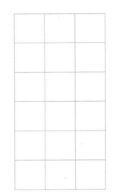

❿ 76 ÷ 2

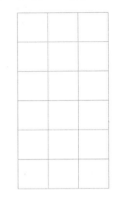

❷ 72 ÷ 3

❺ 56 ÷ 4

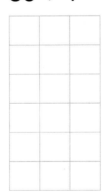

❽ 84 ÷ 6

⓫ 81 ÷ 3

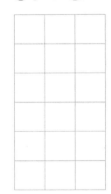

❸ 95 ÷ 5

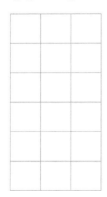

❻ 32 ÷ 2

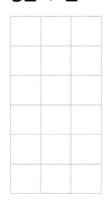

❾ 92 ÷ 2

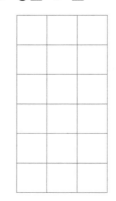

⓬ 38 ÷ 2

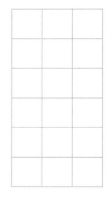

🐡 계산해 보세요.

연산 Key

$$3\overline{)69} = 23$$

십의 자리부터
3으로 나눠요.

```
    2 3
3)6 9
  6
    9
    9
    0
```

❹
$$5\overline{)50}$$

❽
$$2\overline{)26}$$

⓬
$$3\overline{)39}$$

❶
$$2\overline{)84}$$

❺
$$4\overline{)44}$$

❾
$$9\overline{)90}$$

⓭
$$2\overline{)68}$$

❷
$$3\overline{)78}$$

❻
$$3\overline{)51}$$

❿
$$4\overline{)92}$$

⓮
$$2\overline{)90}$$

❸
$$7\overline{)84}$$

❼
$$5\overline{)70}$$

⓫
$$2\overline{)98}$$

⓯
$$6\overline{)78}$$

계산해 보세요.

❶ 24 ÷ 2   ❺ 77 ÷ 7   ❾ 96 ÷ 8   ⓭ 42 ÷ 3

❷ 63 ÷ 3   ❻ 99 ÷ 9   ❿ 85 ÷ 5   ⓮ 36 ÷ 2

❸ 76 ÷ 4   ❼ 60 ÷ 2   ⓫ 90 ÷ 3   ⓯ 72 ÷ 6

❹ 58 ÷ 2   ❽ 75 ÷ 5   ⓬ 88 ÷ 4   ⓰ 52 ÷ 4

6

$67 \div 4 = 16 \cdots 3$

몫　나머지

(두 자리 수)÷(한 자리 수)(2)

학습목표 1. 내림이 없고 나머지가 있는 (몇십몇)÷(몇)의 계산 익히기
2. 내림이 있고 나머지가 있는 (몇십몇)÷(몇)의 계산 익히기

원리 깨치기

❶ 내림이 없고 나머지가 있는 (몇십몇)÷(몇)
❷ 내림이 있고 나머지가 있는 (몇십몇)÷(몇)

　　　　월　　　　　일

 이해! 한번 더!

사탕 11개를 2개씩 똑같이 묶으면 5묶음이 되고 1개가 남지? 이것처럼 똑같이 묶었을 때 남는 것을 나머지라고 해. 이번에는 68÷5, 82÷6과 같이 나누었을 때 나머지가 생기는 나눗셈을 공부해 보자!

연산력 키우기

❶ DAY		맞은 개수
		전체 문항
월	일	14
걸린시간 분	초	16
❷ DAY		맞은 개수
		전체 문항
월	일	11
걸린시간 분	초	12
❸ DAY		맞은 개수
		전체 문항
월	일	11
걸린시간 분	초	12
❹ DAY		맞은 개수
		전체 문항
월	일	11
걸린시간 분	초	12
❺ DAY		맞은 개수
		전체 문항
월	일	15
걸린시간 분	초	15

원리 깨치기

❶ 내림이 없고 나머지가 있는 (몇십몇)÷(몇)

[58 ÷ 5의 계산]

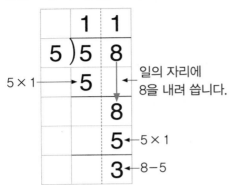

5 × 1 → 5

일의 자리에 8을 내려 씁니다.

5 × 1

8−5

$$58 \div 5 = \underset{몫}{11} \cdots \underset{나머지}{3}$$

58을 5로 나누면 몫은 11이고 나머지는 3입니다.
나눗셈에서 나머지는 항상 나누는 수보다 작습니다.

[48 ÷ 4의 계산]

$$48 \div 4 = \underset{몫}{12}$$

48 ÷ 4와 같이 나머지가 0일 때 나누어떨어진다고 합니다.
나머지가 0일 때에는 몫만 씁니다.

연산 Key

나머지가 나누는 수와 같거나 크다면 나눗셈이 틀린 거예요.

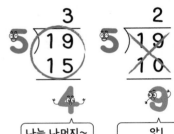

나는 나머지~.
나누는 수
5보다 작아.

앗!
5보다 크네.
계산이 틀렸군.

❷ 내림이 있고 나머지가 있는 (몇십몇)÷(몇)

[89 ÷ 6의 계산]

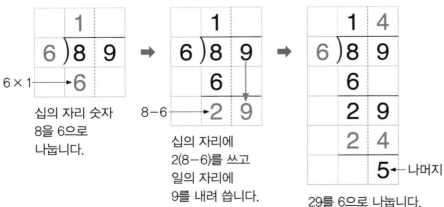

6 × 1 → 6

십의 자리 숫자 8을 6으로 나눕니다.

8−6 → 2 9

십의 자리에 2(8−6)를 쓰고 일의 자리에 9를 내려 씁니다.

나머지

29를 6으로 나눕니다.

연산 Key

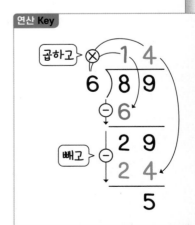

곱하고

빼고

😊 계산해 보세요.

연산 Key

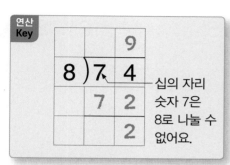

십의 자리 숫자 7은 8로 나눌 수 없어요.

❶
$$2 \overline{)15}$$

❷
$$4 \overline{)26}$$

❸
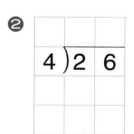

❹
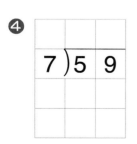

❺
$$9 \overline{)69}$$

❻
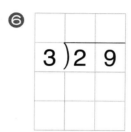

❼
$$8 \overline{)19}$$

❽
$$5 \overline{)31}$$

❾
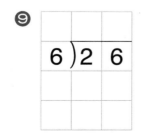

❿
$$7 \overline{)29}$$

⓫
$$4 \overline{)33}$$

⓬
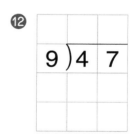

⓭
$$7 \overline{)46}$$

⓮
$$8 \overline{)37}$$

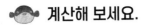 계산해 보세요.

❶ 11 ÷ 2

❺ 31 ÷ 6

❾ 39 ÷ 5

⑬ 13 ÷ 2

❷ 79 ÷ 8

❻ 27 ÷ 4

❿ 38 ÷ 9

⑭ 29 ÷ 4

❸ 16 ÷ 3

❼ 64 ÷ 7

⑪ 57 ÷ 6

⑮ 37 ÷ 7

❹ 43 ÷ 5

❽ 25 ÷ 8

⑫ 62 ÷ 9

⑯ 14 ÷ 3

🐡 계산해 보세요.

연산 Key

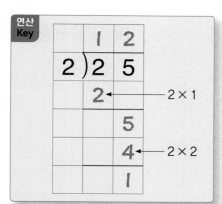

❹

$$3\overline{)6\ 5}$$

❽

$$3\overline{)6\ 7}$$

❶

$$4\overline{)4\ 6}$$

❺

$$2\overline{)6\ 9}$$

❾

$$5\overline{)5\ 8}$$

❷

$$2\overline{)4\ 7}$$

❻

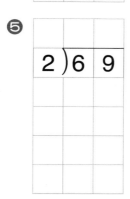

$$3\overline{)3\ 4}$$

❿

$$2\overline{)6\ 3}$$

❸

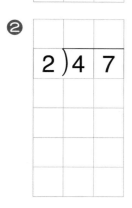

$$3\overline{)3\ 7}$$

❼

$$4\overline{)8\ 9}$$

⓫

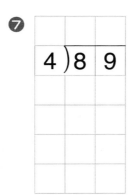

$$6\overline{)6\ 7}$$

계산해 보세요.

❶ 59 ÷ 5

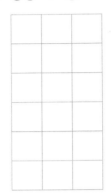

❹ 43 ÷ 2

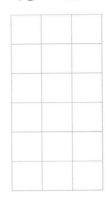

❼ 86 ÷ 4

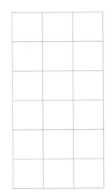

❿ 83 ÷ 2

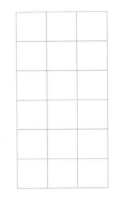

❷ 27 ÷ 2

❺ 69 ÷ 6

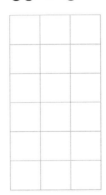

❽ 57 ÷ 5

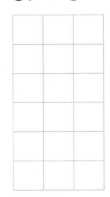

⓫ 78 ÷ 7

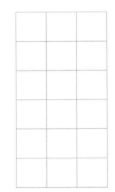

❸ 35 ÷ 3

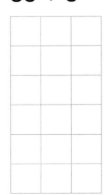

❻ 65 ÷ 2

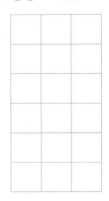

❾ 49 ÷ 4

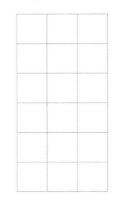

⓬ 97 ÷ 3

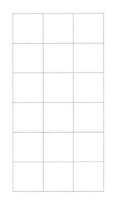

🐡 **계산해 보세요.**

연산 Key
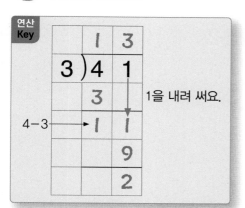

1을 내려 써요.

4−3 →

❹
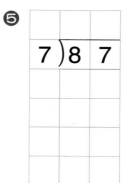

❽

2) 7 1

❶
2) 5 1

❺
7) 8 7

❾
8) 9 8

❷
3) 8 5

❻
6) 7 1

❿
5) 6 9

❸
5) 6 4

❼
3) 4 4

⓫
2) 5 5

3 **DAY**　내림이 있고 나머지가 있는 (몇십몇)÷(몇)⑴

🐡 계산해 보세요.

❶ 58 ÷ 3
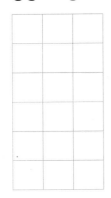

❹ 82 ÷ 6
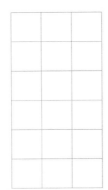

❼ 53 ÷ 2
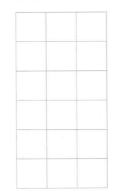

❿ 73 ÷ 3
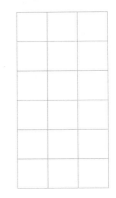

❷ 37 ÷ 2
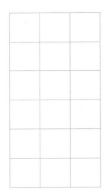

❺ 93 ÷ 8

❽ 71 ÷ 5
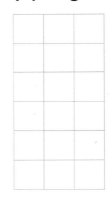

⓫ 69 ÷ 4
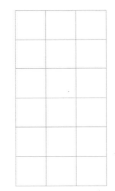

❸ 78 ÷ 5

❻ 94 ÷ 4
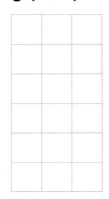

❾ 88 ÷ 7
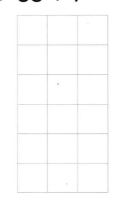

⓬ 77 ÷ 6
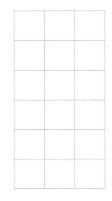

🐡 계산해 보세요.

연산 Key

```
       1  7
   5 ) 8  9
       5
       3  9
       3  5
          4
```

각 자리에서
몫을 구한 다음
선을 그어
구분해요.

❹
```
4 ) 6  3
```

❽
```
6 ) 7  5
```

❶
```
2 ) 9  5
```

❺
```
3 ) 7  9
```

❾
```
8 ) 9  7
```

❷
```
4 ) 5  4
```

❻
```
2 ) 7  5
```

❿
```
3 ) 8  3
```

❸
```
7 ) 8  9
```

❼
```
5 ) 9  3
```

⓫
```
6 ) 9  5
```

계산해 보세요.

❶ 88 ÷ 6

❹ 73 ÷ 4

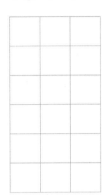

❼ 77 ÷ 3

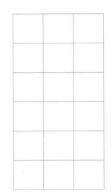

❿ 93 ÷ 6

❷ 99 ÷ 2

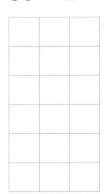

❺ 49 ÷ 3

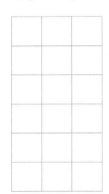

❽ 81 ÷ 7

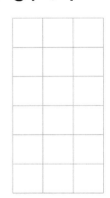

⓫ 79 ÷ 2

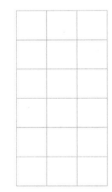

❸ 62 ÷ 5

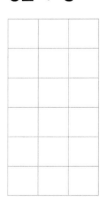

❻ 95 ÷ 8

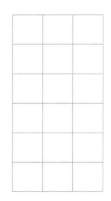

❾ 58 ÷ 4

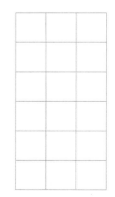

⓬ 88 ÷ 5

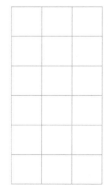

🐡 **계산해 보세요.**

연산 Key

$$
\begin{array}{r}
4\ 2 \\
2\overline{)8\ 5} \\
8 \\
\hline
5 \\
4 \\
\hline
1
\end{array}
$$

나머지는 나누는 수보다 작아야 해요.

❹ $7\overline{)8\ 5}$

❽ $2\overline{)2\ 9}$

⓬ $4\overline{)7\ 9}$

❶ $3\overline{)2\ 8}$

❺ $5\overline{)5\ 6}$

❾ $6\overline{)7\ 4}$

⓭ $3\overline{)6\ 4}$

❷ $5\overline{)8\ 4}$

❻ $4\overline{)8\ 7}$

❿ $7\overline{)2\ 7}$

⓮ $8\overline{)4\ 3}$

❸ $9\overline{)6\ 6}$

❼ $2\overline{)4\ 5}$

⓫ $8\overline{)9\ 2}$

⓯ $5\overline{)9\ 7}$

계산해 보세요.

❶ 17 ÷ 5

❻ 19 ÷ 4

⑪ 79 ÷ 7

❷ 38 ÷ 3

❼ 57 ÷ 2

⑫ 68 ÷ 6

❸ 91 ÷ 6

❽ 32 ÷ 9

⑬ 52 ÷ 3

❹ 95 ÷ 7

❾ 33 ÷ 2

⑭ 89 ÷ 8

❺ 99 ÷ 8

⑩ 98 ÷ 4

⑮ 85 ÷ 9

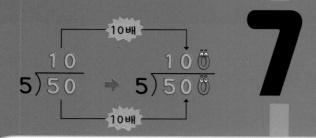

7

(세 자리 수)÷(한 자리 수) (1)

학습목표 1. 나머지가 없는 (몇백)÷(몇)의 계산 익히기
2. 나머지가 없는 (몇백 몇십)÷(몇)의 계산 익히기
3. 나머지가 없는 (세 자리 수)÷(한 자리 수)의 계산 익히기

원리 깨치기

❶ 나머지가 없는
  (몇백)÷(몇), (몇백 몇십)÷(몇)
❷ 나머지가 없는 (세 자리 수)÷(한 자리 수)

월	일

 이해!   한번 더!

56÷2=28을 계산할 수 있지?
그럼 560÷2를 계산해 볼 수 있을
까? 맞아. 560은 56의 10배니까
몫도 10배가 돼서 560÷2=280
이 되지. 이처럼 두 자리 수의 나눗
셈을 이해하면 세 자리 수의 나눗
셈도 할 수 있어. 자! 그럼, 시작해
볼까?

연산력 키우기

❶ DAY		맞은 개수 전체 문항
월	일	11
⏰ 걸린시간 분	초	12

❷ DAY		맞은 개수 전체 문항
월	일	8
⏰ 걸린시간 분	초	12

❸ DAY		맞은 개수 전체 문항
월	일	11
⏰ 걸린시간 분	초	12

❹ DAY		맞은 개수 전체 문항
월	일	8
⏰ 걸린시간 분	초	12

❺ DAY		맞은 개수 전체 문항
월	일	11
⏰ 걸린시간 분	초	16

원리 깨치기

① 나머지가 없는 (몇백) ÷ (몇), (몇백 몇십) ÷ (몇)

[700 ÷ 7의 계산]

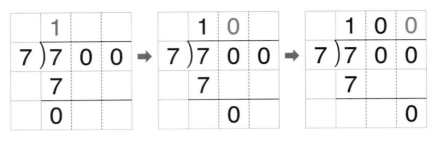

백의 자리부터
순서대로 계산합니다.

[560 ÷ 2의 계산]

백의 자리부터 순서대로
계산합니다.

560 ÷ 2는 나누어지는 수 560에서 백의 자리부터 순서대로 계산합니다.

> **연산 Key**
>
> 36 ÷ 3 = 12
>
> **10배**   **10배**
>
> 360 ÷ 3 = 120

② 나머지가 없는 (세 자리 수) ÷ (한 자리 수)

[375 ÷ 5의 계산]

백의 자리에서 3 ÷ 5는
계산할 수 없습니다.

백의 자리와 십의 자리
를 한꺼번에 생각해서
37을 5로 나누고 십의
자리에 2(37−35)를
씁니다.

일의 자리에 5를 내려
쓰고 25를 5로 나눕니다.

> **연산 Key**
>
> 백의 자리에서 **6**은
> 8로 나눌 수 없어요.
>
> 8) **6 0** 8
>
> 그럼 십의 자리까지
> 묶어서 **60**을
> 8로 나눠요.

백의 자리에서 나눌 수 없으면 백의 자리와 십의 자리 수를 한꺼번에 나누면 됩니다.

😊 계산해 보세요.

연산 Key

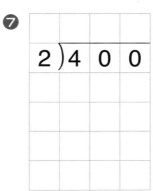

```
      1 9 0          10배
   ┌────────         19
 5 )9 5 0         5 )95
   5             ┌  5
   ──── 10배        ──
   4 5              45
   4 5              45
   ────             ──
       0             0
```

❶
```
 4 )4 8 0
```

❷
```
 2 )3 2 0
```

❸
```
 8 )8 0 0
```

❹
```
 3 )3 0 0
```

❺
```
 7 )9 1 0
```

❻
```
 8 )8 8 0
```

❼
```
 2 )4 0 0
```

❽
```
 5 )5 0 0
```

❾
```
 4 )9 6 0
```

❿
```
 3 )9 6 0
```

⓫
```
 6 )6 0 0
```

나머지가 없는 (몇백)÷(몇), (몇백 몇십)÷(몇)

 계산해 보세요.

❶ 800 ÷ 2

❹ 600 ÷ 3

❼ 400 ÷ 4

❿ 700 ÷ 7

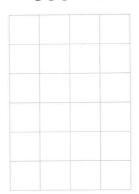  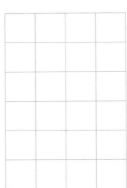 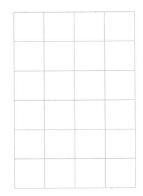

❷ 520 ÷ 4

❺ 750 ÷ 5

❽ 990 ÷ 9

⓫ 480 ÷ 3

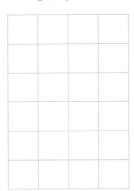 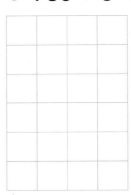 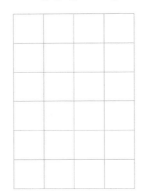 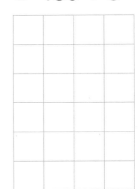

❸ 240 ÷ 2

❻ 770 ÷ 7

❾ 840 ÷ 4

⓬ 900 ÷ 5

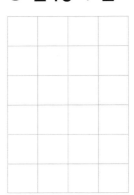 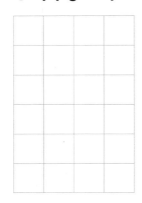 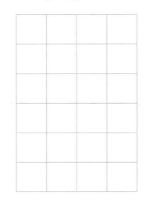 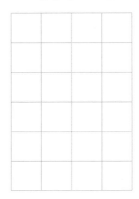

🐡 계산해 보세요.

연산 Key

```
        2  1  3
    ┌──────────
  2 )  4  2  6
        4         ← 2 × 2
     ──────
           2
           2      ← 2 × 1
        ──────
              6
              6   ← 2 × 3
           ──────
              0
```

❸
```
  4 ) 9  7  2
```

❻
```
  5 ) 5  5  5
```

❶
```
  2 ) 7  5  6
```

❹
```
  6 ) 8  6  4
```

❼
```
  7 ) 8  6  8
```

❷
```
  3 ) 6  3  3
```

❺
```
  7 ) 7  9  1
```

❽
```
  4 ) 6  7  2
```

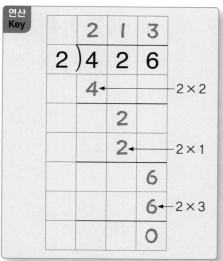
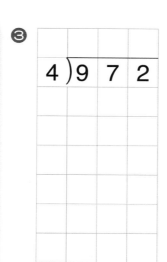
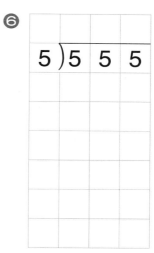
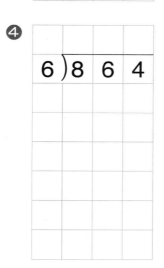

2 DAY 몫이 세 자리 수이고 나머지가 없는 (세 자리 수)÷(한 자리 수)

🐟 계산해 보세요.

❶ 822 ÷ 2

❹ 768 ÷ 3

❼ 963 ÷ 3

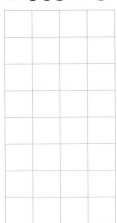

❿ 612 ÷ 4

❷ 775 ÷ 5

❺ 844 ÷ 4

❽ 396 ÷ 2

⓫ 595 ÷ 5

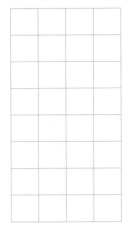

❸ 626 ÷ 2

❻ 812 ÷ 7

❾ 792 ÷ 6

⓬ 992 ÷ 8

🐡 계산해 보세요.

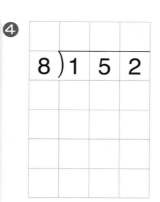

연산 Key

```
      3 6
6 )2 1 6
    1 8
      3 6
      3 6
        0
```
→ 2÷6은 계산할 수 없어요.

❹
```
8 )1 5 2
```

❽
```
9 )2 3 4
```

❶
```
2 )1 1 8
```

❺
```
4 )1 4 0
```

❾
```
4 )1 1 2
```

❷
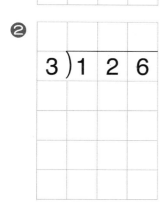
```
3 )1 2 6
```

❻
```
6 )2 5 8
```

❿
```
7 )1 8 9
```

❸

```
5 )1 5 5
```

❼
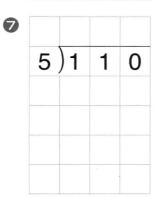
```
5 )1 1 0
```

⓫
```
3 )1 6 2
```

계산해 보세요.

❶ 168 ÷ 2

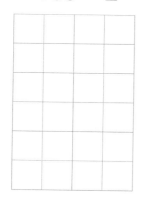

❹ 192 ÷ 3

❼ 152 ÷ 4

❿ 126 ÷ 7

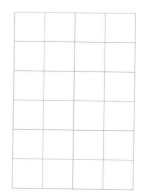

❷ 188 ÷ 4

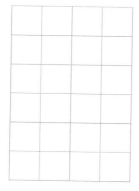

❺ 255 ÷ 5

❽ 184 ÷ 8

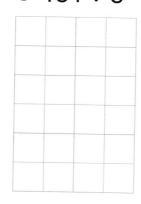

⓫ 162 ÷ 9

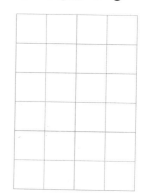

❸ 324 ÷ 6

❻ 224 ÷ 7

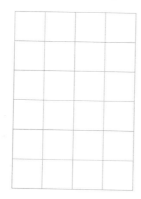

❾ 333 ÷ 9

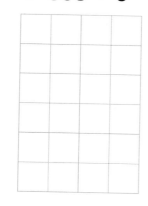

⓬ 344 ÷ 8

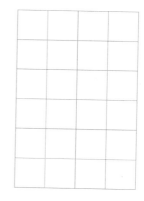

🐡 계산해 보세요.

연산 Key

21 ÷ 5의 몫은 십의 자리에 써요.

```
      4 2
5 ) 2 1 0
    2 0
      1 0
      1 0
          0
```

❸
```
2 ) 4 6 0
```

❻
```
3 ) 4 7 7
```

❶
```
3 ) 3 9 6
```

❹
```
5 ) 6 8 5
```

❼
```
4 ) 7 6 0
```

❷
```
7 ) 3 1 5
```

❺
```
8 ) 2 8 8
```

❽
```
6 ) 5 5 8
```

계산해 보세요.

❶ 900 ÷ 9

❹ 594 ÷ 3

❼ 216 ÷ 4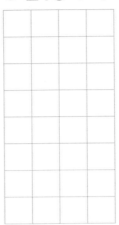

❿ 134 ÷ 2

❷ 484 ÷ 4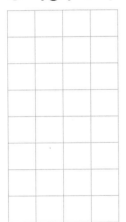

❺ 984 ÷ 8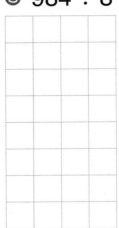

❽ 830 ÷ 5

⓫ 756 ÷ 6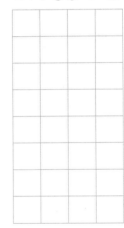

❸ 350 ÷ 2

❻ 203 ÷ 7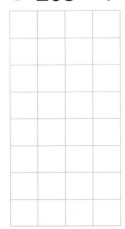

❾ 696 ÷ 6

⓬ 378 ÷ 9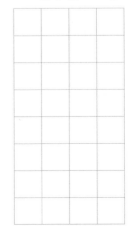

🐡 계산해 보세요.

연산 Key

$$
\begin{array}{r}
3\overline{)1\ 1\ 7} \\
\end{array}
\quad 3\,9
$$

$$
3)\overline{117} \rightarrow 11 \div 3을\ 계산해요.
$$

```
      3 9
3 ) 1 1 7
    9
    ─
    2 7
    2 7
    ───
      0
```

❹
```
3 ) 2 5 8
```

❽
```
8 ) 8 8 8
```

❶
```
2 ) 6 6 4
```

❺
```
4 ) 2 5 2
```

❾
```
4 ) 4 6 4
```

❷
```
6 ) 8 7 6
```

❻
```
8 ) 9 6 0
```

❿
```
2 ) 1 5 4
```

❸
```
9 ) 1 0 8
```

❼
```
5 ) 6 1 5
```

⓫
```
8 ) 9 5 2
```

계산해 보세요.

❶ 200 ÷ 2

❺ 371 ÷ 7

❾ 136 ÷ 8

⓭ 840 ÷ 3

❷ 237 ÷ 3

❻ 495 ÷ 9

❿ 955 ÷ 5

⓮ 784 ÷ 7

❸ 680 ÷ 4

❼ 846 ÷ 2

⓫ 468 ÷ 6

⓯ 960 ÷ 6

❹ 594 ÷ 2

❽ 105 ÷ 5

⓬ 448 ÷ 4

⓰ 592 ÷ 8

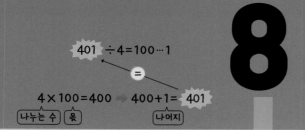

$401 \div 4 = 100 \cdots 1$

$4 \times 100 = 400 \Rightarrow 400 + 1 = 401$

나누는 수 · 몫 · 나머지

8

(세 자리 수)÷(한 자리 수)(2)

학습목표 1. 나머지가 있는 (세 자리 수)÷(한 자리 수)의 계산 익히기
2. 맞게 계산했는지 확인하는 방법 익히기

원리 깨치기

❶ 나머지가 있는 (세 자리 수)÷(한 자리 수)
❷ 맞게 계산했는지 확인하기

월   일

 이해 !   한번 더 !

이번에는 나머지가 있는 (세 자리 수)÷(한 자리 수)와 나눗셈을 맞게 계산했는지 확인하는 방법에 대해 배워 볼 거야. 나누는 수가 한 자리 수인 나눗셈의 마지막이니까 끝까지 열심히 해 보자!

연산력 키우기

❶ DAY		맞은 개수 / 전체 문항
월	일	8
걸린시간 분	초	12
❷ DAY		맞은 개수 / 전체 문항
월	일	11
걸린시간 분	초	12
❸ DAY		맞은 개수 / 전체 문항
월	일	8
걸린시간 분	초	9
❹ DAY		맞은 개수 / 전체 문항
월	일	8
걸린시간 분	초	12
❺ DAY		맞은 개수 / 전체 문항
월	일	11
걸린시간 분	초	9

원리 깨치기

❶ 나머지가 있는 (세 자리 수) ÷ (한 자리 수)

[305 ÷ 3의 계산]

백의 자리에서
3을 3으로 나눕니다.

십의 자리에서 0 ÷ 3은
계산할 수 없으므로 몫에
0을 쓰고 일의 자리에 5를
내려 씁니다.

5를 3으로 나눕니다.

[289 ÷ 3의 계산]

백의 자리에서 2 ÷ 3은
계산할 수 없습니다.

백의 자리와 십의 자리를
한꺼번에 생각해서 28을
3으로 나누고 십의 자리에
1(28−27)을 씁니다.

일의 자리에서 9를 내려
쓰고 19를 3으로 나눕니다.

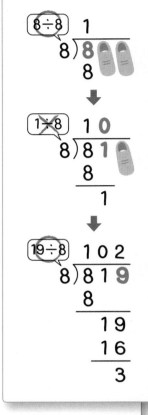

❷ 맞게 계산했는지 확인하기

$$289 ÷ 3 = 96 \cdots 1$$

같습니다.

$$3 × 96 = 288 ⇒ 288 + 1 = 289$$

나누는 수 몫   나머지

연산 Key

$$\boxed{3 × 79 = 237 → 237 + 1 = 238}$$

달라요!

$$239 ÷ 3 = 79 \cdots 1$$

나누는 수와 몫의 곱에 나머지를 더하면 나누어지는 수가 되어
야 합니다.

🐡 계산해 보세요.

③
```
6)9 1 5
```

⑥
```
4)8 0 5
```

❶
```
2)4 4 5
```

④
```
8)9 0 1
```

⑦
```
5)5 5 7
```

❷
```
5)9 5 4
```

⑤
```
7)9 6 1
```

❽
```
3)7 7 3
```

🐡 계산해 보세요.

① 919 ÷ 3

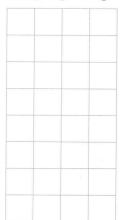

④ 419 ÷ 2

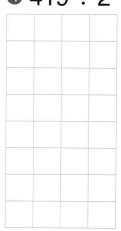

⑦ 703 ÷ 6

⑩ 695 ÷ 2

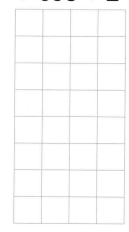

② 656 ÷ 5

⑤ 871 ÷ 4

⑧ 746 ÷ 3

⑪ 892 ÷ 8

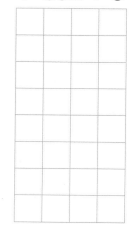

③ 709 ÷ 7

⑥ 935 ÷ 8

⑨ 548 ÷ 5

⑫ 852 ÷ 7

몫이 두 자리 수이고 나머지가 있는 (세 자리 수)÷(한 자리 수)

백의 자리에서 나눌 수 없으면 백의 자리와 십의 자리를 한꺼번에 나눠요.

🐡 계산해 보세요.

연산 Key

```
          8  4  ← 29÷6의 몫
  ┌───────────
6 ) 5  0  9    ← 50÷6의 몫
     4  8
     ─────
        2  9
        2  4
        ─────
           5
```

❹
```
  ┌──────────
4 ) 1  5  4
```

❽
```
  ┌──────────
8 ) 4  7  6
```

❶
```
  ┌──────────
2 ) 1  6  5
```

❺
```
  ┌──────────
7 ) 6  5  5
```

❾
```
  ┌──────────
9 ) 5  6  2
```

❷
```
  ┌──────────
5 ) 3  4  3
```

❻
```
  ┌──────────
5 ) 4  6  3
```

❿
```
  ┌──────────
4 ) 3  4  2
```

❸
```
  ┌──────────
3 ) 2  3  3
```

❼
```
  ┌──────────
6 ) 3  2  9
```

⓫
```
  ┌──────────
3 ) 2  8  7
```

계산해 보세요.

① 154 ÷ 6

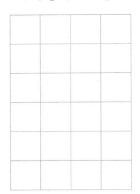

④ 293 ÷ 4

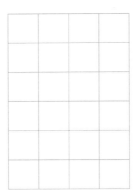

⑦ 439 ÷ 5

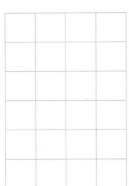

⑩ 326 ÷ 7

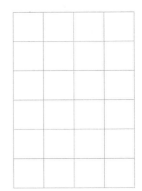

② 484 ÷ 9

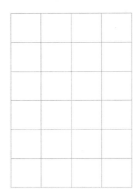

⑤ 125 ÷ 2

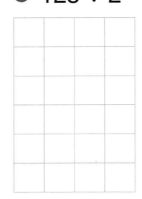

⑧ 437 ÷ 7

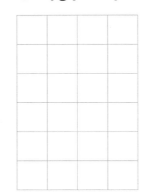

⑪ 702 ÷ 8

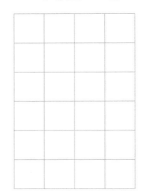

③ 109 ÷ 3

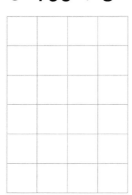

⑥ 134 ÷ 8

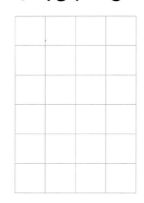

⑨ 219 ÷ 4

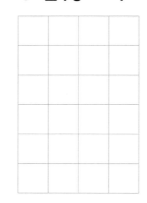

⑫ 383 ÷ 9

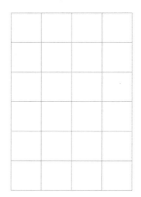

연산력
키우기
3
DAY
맞게 계산했는지 확인하기

(나누는 수)×(몫)에
나머지를 더하면
나누어지는 수가 돼요.

🐡 나눗셈을 하고 맞게 계산했는지 확인해 보세요.

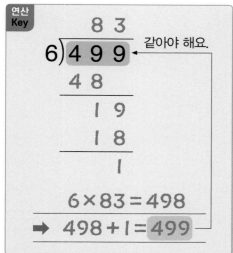

연산
Key

```
      8 3
  6)4 9 9    ← 같아야 해요.
    4 8
      1 9
      1 8
        1
```

6 × 83 = 498
➡ 498 + 1 = 499

❸
```
  6)6 0 9
```
➡ _____

❻
```
  9)1 3 8
```
➡ _____

❶
```
  2)4 8 9
```
➡ _____

❹
```
  3)1 4 8
```
➡ _____

❼
```
  8)2 0 5
```
➡ _____

❷
```
  4)8 1 8
```
➡ _____

❺
```
  5)6 2 7
```
➡ _____

❽
```
  7)7 7 9
```
➡ _____

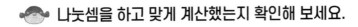 나눗셈을 하고 맞게 계산했는지 확인해 보세요.

①

3)664

➡ _____

②

5)559

➡ _____

③

7)501

➡ _____

④

6)891

➡ _____

⑤

4)211

➡ _____

⑥

9)969

➡ _____

⑦

2)151

➡ _____

⑧

8)186

➡ _____

⑨

3)649

➡ _____

연산력 키우기

4 DAY

나머지가 있는 (세 자리 수)÷(한 자리 수)(1)

십의 자리에서
나눌 수 없으면 몫의
십의 자리에 0을 써요.

🐡 계산해 보세요.

연산 Key

```
        1 4 9
   4 ) 5 9 7
       4
       1 9
       1 6
           3 7
           3 6
               1  ← 나머지가
                   나누는
                   수보다
                   작아야
                   해요.
```

❸
```
   5 ) 7 1 2
```

❻
```
   8 ) 9 2 4
```

❶
```
   3 ) 7 4 0
```

❹
```
   2 ) 1 2 9
```

❼
```
   6 ) 3 9 1
```

❷
```
   4 ) 3 2 9
```

❺
```
   7 ) 3 8 0
```

❽
```
   4 ) 5 3 7
```

4 DAY

나머지가 있는 (세 자리 수)÷(한 자리 수)(1)

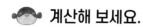 계산해 보세요.

❶ 107 ÷ 2

❹ 894 ÷ 8

❼ 278 ÷ 3

❿ 128 ÷ 5

❷ 807 ÷ 4

❺ 694 ÷ 4

❽ 130 ÷ 7

⓫ 622 ÷ 6

❸ 116 ÷ 9

❻ 761 ÷ 6

❾ 885 ÷ 2

⓬ 299 ÷ 9

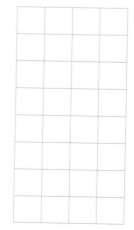

🐡 계산해 보세요.

연산 Key

$$
\begin{array}{r}
5\ 1 \\
7\overline{)3\ 5\ 9} \\
3\ 5 \\
\hline
9 \\
7 \\
\hline
2
\end{array}
$$

→맞게 계산했는지 확인해요.
$7 \times 51 = 357$
→ $357 + 2 = 359$

❹ $2\overline{)7\ 3\ 9}$

❽ $3\overline{)1\ 8\ 8}$

❶ $4\overline{)6\ 1\ 9}$

❺ $5\overline{)2\ 1\ 1}$

❾ $2\overline{)4\ 1\ 3}$

❷ $6\overline{)2\ 5\ 6}$

❻ $9\overline{)4\ 0\ 1}$

❿ $8\overline{)5\ 9\ 5}$

❸ $7\overline{)3\ 5\ 8}$

❼ $3\overline{)6\ 0\ 5}$

⓫ $7\overline{)9\ 9\ 6}$

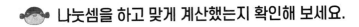 나눗셈을 하고 맞게 계산했는지 확인해 보세요.

❶ 472 ÷ 3

➡

❷ 405 ÷ 2

➡

❸ 571 ÷ 8

➡

❹ 219 ÷ 7

➡

❺ 783 ÷ 7

➡

❻ 112 ÷ 6

➡

❼ 308 ÷ 5

➡

❽ 217 ÷ 9

➡

❾ 847 ÷ 4

➡

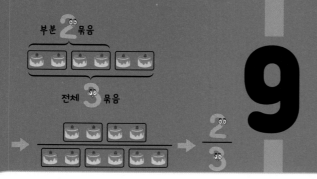

9

분수

학습목표 1. 분수로 나타내기
2. 분수만큼은 얼마인지 구하기

원리 깨치기

❶ 분수로 나타내기
❷ 분수만큼은 얼마인지 구하기

월	일

 이해!   한번 더!

호박 6개를 똑같이 3묶음으로 묶었을 때 2묶음의 크기를 분수로 나타낼 수 있을까? 맞아 3학년 1학기 때 배운 것처럼 전체와 부분의 크기를 알면 분수로 나타낼 수 있지. 자, 그럼 전체와 부분의 관계에 대한 분수를 알아볼까?

연산력 키우기

❶ DAY		맞은 개수	
월	일		전체 문항
걸린시간 분	초		7
			8

❷ DAY		맞은 개수	
월	일		전체 문항
걸린시간 분	초		8
			6

❸ DAY		맞은 개수	
월	일		전체 문항
걸린시간 분	초		7
			12

❹ DAY		맞은 개수	
월	일		전체 문항
걸린시간 분	초		7
			12

❺ DAY		맞은 개수	
월	일		전체 문항
걸린시간 분	초		11
			10

❶ 분수로 나타내기

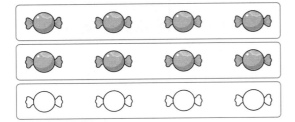

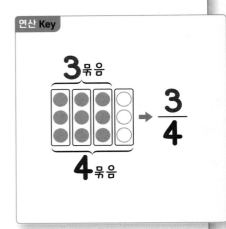

색칠한 부분은 **3**묶음 중에서 **2**묶음이므로 전체의 $\dfrac{2}{3}$입니다.

- **12**를 **4**씩 묶으면 **4**는 **12**의 $\dfrac{1}{3}$입니다.

- **12**를 **4**씩 묶으면 **8**은 **12**의 $\dfrac{2}{3}$입니다.

❷ 분수만큼은 얼마인지 구하기

$\left[\text{8의 } \dfrac{1}{4}\text{은 얼마인지 구하기}\right]$

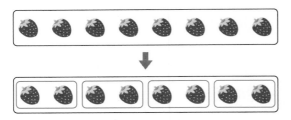

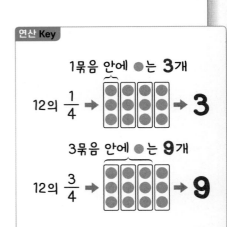

8을 똑같이 **4**묶음으로 나누면

- **1**묶음은 **2**이므로 **8**의 $\dfrac{1}{4}$은 **2**입니다.

- **2**묶음은 **4**이므로 **8**의 $\dfrac{2}{4}$는 **4**입니다.

- **3**묶음은 **6**이므로 **8**의 $\dfrac{3}{4}$은 **6**입니다.

🐡 색칠한 부분을 분수로 나타내어 보세요.

연산 Key

4는 6의 $\dfrac{\boxed{2}}{3}$ ← 색칠한 부분은 2묶음
← 전체 3묶음

❹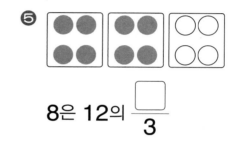

15는 20의 $\dfrac{\boxed{}}{4}$

❶

4는 7의 $\dfrac{\boxed{}}{7}$

❺

8은 12의 $\dfrac{\boxed{}}{3}$

❷

9는 12의 $\dfrac{\boxed{}}{4}$

❻

6은 10의 $\dfrac{\boxed{}}{5}$

❸

6은 12의 $\dfrac{\boxed{}}{2}$

❼

5는 10의 $\dfrac{\boxed{}}{2}$

분수로 나타내기 (1)

색칠한 부분을 분수로 나타내어 보세요.

1

5는 10의 $\dfrac{\square}{10}$

5

10은 20의 $\dfrac{\square}{4}$

2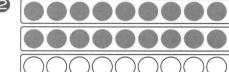

18은 27의 $\dfrac{\square}{3}$

6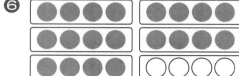

20은 24의 $\dfrac{\square}{6}$

3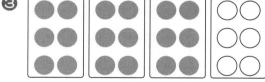

18은 24의 $\dfrac{\square}{4}$

7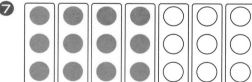

12는 21의 $\dfrac{\square}{7}$

4

4는 8의 $\dfrac{\square}{2}$

8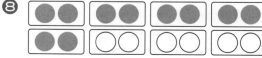

10은 16의 $\dfrac{\square}{8}$

🐡 ☐ 안에 알맞은 수를 써넣으세요.

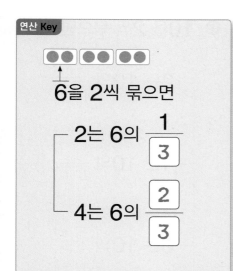

연산 Key

6을 2씩 묶으면

2는 6의 $\frac{1}{3}$

4는 6의 $\frac{2}{3}$

❸ 8을 2씩 묶으면

2는 8의 $\frac{☐}{☐}$

6은 8의 $\frac{☐}{4}$

❻ 20을 5씩 묶으면

5는 20의 $\frac{☐}{4}$

15는 20의 $\frac{☐}{☐}$

❶ 5를 1씩 묶으면

1은 5의 $\frac{☐}{☐}$

4는 5의 $\frac{☐}{5}$

❹ 12를 4씩 묶으면

4는 12의 $\frac{1}{☐}$

8은 12의 $\frac{☐}{3}$

❼ 24를 6씩 묶으면

6은 24의 $\frac{☐}{4}$

12는 24의 $\frac{☐}{☐}$

❷ 7을 1씩 묶으면

1은 7의 $\frac{1}{☐}$

6은 7의 $\frac{☐}{7}$

❺ 15를 5씩 묶으면

5는 15의 $\frac{1}{☐}$

10은 15의 $\frac{☐}{3}$

❽ 35를 7씩 묶으면

7은 35의 $\frac{☐}{5}$

14는 35의 $\frac{☐}{☐}$

분수로 나타내기(2)

□안에 알맞은 수를 써넣으세요.

❶ 9를 3씩 묶으면

　3은 9의 □/□

　6은 9의 □/□

❷ 21을 7씩 묶으면

　7은 21의 □/□

　14는 21의 □/□

❸ 11을 1씩 묶으면
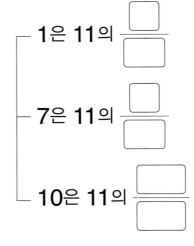
　1은 11의 □/□

　7은 11의 □/□

　10은 11의 □/□

❹ 16을 4씩 묶으면
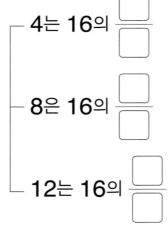
　4는 16의 □/□

　8은 16의 □/□

　12는 16의 □/□

❺ 10을 2씩 묶으면

　2는 10의 □/□

　4는 10의 □/□

　6은 10의 □/□

　8은 10의 □/□

❻ 18을 3씩 묶으면

　3은 18의 □/□

　6은 18의 □/□

　9는 18의 □/□

　15는 18의 □/□

◇만큼이 얼마인지 구하려면
★ 전체를 똑같이 ★묶음으로 나누어요.

🐡 그림을 보고 ☐ 안에 알맞은 수를 써넣으세요.

연산 Key

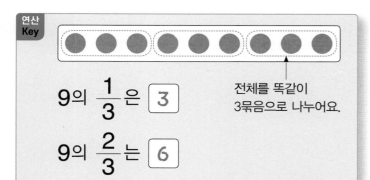

9의 $\dfrac{1}{3}$은 $\boxed{3}$

9의 $\dfrac{2}{3}$는 $\boxed{6}$

전체를 똑같이
3묶음으로 나누어요.

❹

8의 $\dfrac{1}{4}$은 ☐

8의 $\dfrac{3}{4}$은 ☐

❶

6의 $\dfrac{1}{3}$은 ☐

6의 $\dfrac{2}{3}$는 ☐

❺

9의 $\dfrac{1}{9}$은 ☐

9의 $\dfrac{2}{9}$는 ☐

❷

10의 $\dfrac{1}{5}$은 ☐

10의 $\dfrac{3}{5}$은 ☐

❻

16의 $\dfrac{1}{8}$은 ☐

16의 $\dfrac{4}{8}$는 ☐

❸

7의 $\dfrac{1}{7}$은 ☐

7의 $\dfrac{5}{7}$는 ☐

❼

18의 $\dfrac{1}{6}$은 ☐

18의 $\dfrac{3}{6}$은 ☐

□안에 알맞은 수를 써넣으세요.

❶ 4의 $\dfrac{1}{2}$은 ☐

4의 $\dfrac{1}{4}$은 ☐

❺ 12의 $\dfrac{1}{4}$은 ☐

12의 $\dfrac{3}{4}$은 ☐

❾ 18의 $\dfrac{1}{3}$은 ☐

18의 $\dfrac{2}{3}$는 ☐

❷ 15의 $\dfrac{1}{5}$은 ☐

15의 $\dfrac{1}{15}$은 ☐

❻ 12의 $\dfrac{1}{6}$은 ☐

12의 $\dfrac{4}{6}$는 ☐

❿ 18의 $\dfrac{1}{9}$은 ☐

18의 $\dfrac{5}{9}$는 ☐

❸ 30의 $\dfrac{1}{5}$은 ☐

30의 $\dfrac{1}{6}$은 ☐

❼ 27의 $\dfrac{1}{3}$은 ☐

27의 $\dfrac{2}{3}$는 ☐

⓫ 16의 $\dfrac{1}{4}$은 ☐

16의 $\dfrac{3}{4}$은 ☐

❹ 36의 $\dfrac{1}{4}$은 ☐

36의 $\dfrac{1}{9}$은 ☐

❽ 21의 $\dfrac{1}{7}$은 ☐

21의 $\dfrac{5}{7}$는 ☐

⓬ 50의 $\dfrac{1}{10}$은 ☐

50의 $\dfrac{7}{10}$은 ☐

전체 길이를 똑같이 분모의 수만큼 나누면 한 칸은 몇 cm인지 확인해요.

🐡 그림을 보고 ☐ 안에 알맞은 수를 써넣으세요.

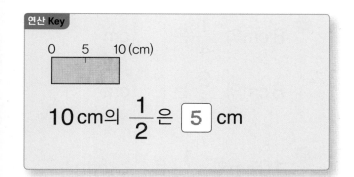

연산 Key

0   5   10 (cm)

$10\,\mathrm{cm}$의 $\dfrac{1}{2}$은 $\boxed{5}$ cm

❹ 0   6   12   18   24 (cm)

$24\,\mathrm{cm}$의 $\dfrac{1}{4}$은 ☐ cm

$24\,\mathrm{cm}$의 $\dfrac{3}{4}$은 ☐ cm

❶ 0   5   10   15 (cm)

$15\,\mathrm{cm}$의 $\dfrac{1}{3}$은 ☐ cm

$15\,\mathrm{cm}$의 $\dfrac{2}{3}$는 ☐ cm

❺ 0 3 6 9 12 15 18 21 24 (cm)

$24\,\mathrm{cm}$의 $\dfrac{1}{8}$은 ☐ cm

$24\,\mathrm{cm}$의 $\dfrac{5}{8}$는 ☐ cm

❷ 0   5   10   15   20 (cm)

$20\,\mathrm{cm}$의 $\dfrac{1}{4}$은 ☐ cm

$20\,\mathrm{cm}$의 $\dfrac{2}{4}$는 ☐ cm

❻ 0 4 8 12 16 20 24 28 (cm)

$28\,\mathrm{cm}$의 $\dfrac{1}{7}$은 ☐ cm

$28\,\mathrm{cm}$의 $\dfrac{3}{7}$은 ☐ cm

❸ 0   7   14   21 (cm)

$21\,\mathrm{cm}$의 $\dfrac{1}{3}$은 ☐ cm

$21\,\mathrm{cm}$의 $\dfrac{2}{3}$는 ☐ cm

❼ 0 2 4 6 8 10 12 14 16 18 20 (cm)

$20\,\mathrm{cm}$의 $\dfrac{1}{10}$은 ☐ cm

$20\,\mathrm{cm}$의 $\dfrac{5}{10}$는 ☐ cm

□ 안에 알맞은 수를 써넣으세요.

1 4 cm의 $\frac{1}{4}$ 은 □ cm

4 cm의 $\frac{3}{4}$ 은 □ cm

2 6 cm의 $\frac{1}{3}$ 은 □ cm

6 cm의 $\frac{2}{3}$ 는 □ cm

3 12 cm의 $\frac{1}{6}$ 은 □ cm

12 cm의 $\frac{2}{6}$ 는 □ cm

4 12 cm의 $\frac{1}{4}$ 은 □ cm

12 cm의 $\frac{3}{4}$ 은 □ cm

5 16 cm의 $\frac{1}{4}$ 은 □ cm

16 cm의 $\frac{2}{4}$ 는 □ cm

6 16 cm의 $\frac{1}{8}$ 은 □ cm

16 cm의 $\frac{7}{8}$ 은 □ cm

7 8 cm의 $\frac{1}{4}$ 은 □ cm

8 cm의 $\frac{2}{4}$ 는 □ cm

8 10 cm의 $\frac{1}{10}$ 은 □ cm

10 cm의 $\frac{2}{10}$ 는 □ cm

9 18 cm의 $\frac{1}{6}$ 은 □ cm

18 cm의 $\frac{5}{6}$ 는 □ cm

10 18 cm의 $\frac{1}{9}$ 은 □ cm

18 cm의 $\frac{4}{9}$ 는 □ cm

11 40 cm의 $\frac{1}{5}$ 은 □ cm

40 cm의 $\frac{3}{5}$ 은 □ cm

12 40 cm의 $\frac{1}{10}$ 은 □ cm

40 cm의 $\frac{8}{10}$ 은 □ cm

🐡 주어진 분수만큼 색칠해 보세요.

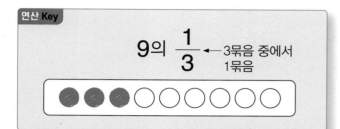

연산 Key

9의 $\frac{1}{3}$ ← 3묶음 중에서 1묶음

❶ 4의 $\frac{1}{2}$

❷ 6의 $\frac{1}{2}$

❸ 8의 $\frac{1}{4}$

❹ 10의 $\frac{1}{5}$

❺ 12의 $\frac{1}{3}$

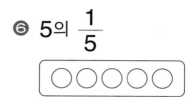

❻ 5의 $\frac{1}{5}$

❼ 7의 $\frac{6}{7}$

❽ 6의 $\frac{2}{3}$

❾ 8의 $\frac{3}{4}$

❿ 10의 $\frac{4}{5}$

⓫ 12의 $\frac{2}{3}$

5
DAY

분수만큼 색칠하기

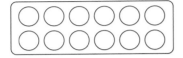 주어진 분수만큼 색칠해 보세요.

❶ 12의 $\frac{1}{2}$

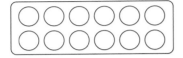

❷ 12의 $\frac{2}{4}$

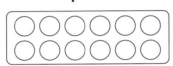

❸ 15의 $\frac{1}{3}$

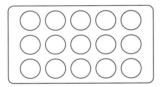

❹ 15의 $\frac{4}{5}$

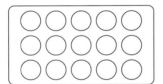

❺ 24의 $\frac{1}{2}$

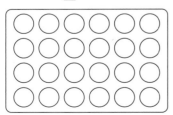

❻ 18의 $\frac{5}{6}$

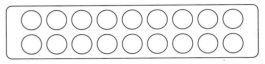

❼ 18의 $\frac{3}{9}$

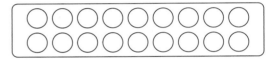

❽ 21의 $\frac{2}{7}$

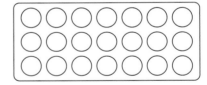

❾ 21의 $\frac{2}{3}$

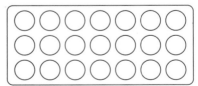

❿ 24의 $\frac{2}{6}$

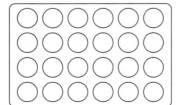

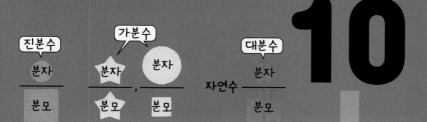

진분수

분자
분모

가분수

분자 , 분자
분모   분모

대분수

자연수 분자
     분모

10

여러 가지 분수, 분수의 크기 비교

학습목표 1. 진분수, 가분수, 대분수 알기
         2. 분모가 같은 분수의 크기 비교하기

원리 깨치기

① 진분수, 가분수, 대분수
② 대분수를 가분수로, 가분수를 대분수로 고치기
③ 분모가 같은 분수의 크기 비교

월   일

이해!

한번 더!

$\frac{1}{3}$, $\frac{2}{3}$, $\frac{3}{3}$, $\frac{4}{3}$, …와 같은 수를 분수라고 배웠지? 그런데 분수의 종류에는 분자가 분모보다 큰 분수가 있고 자연수가 붙어 있는 분수도 있어. 그럼 여러 가지 분수를 알아보고 분모가 같은 분수의 크기도 비교해 볼까?

연산력 키우기

❶ DAY	맞은 개수 / 전체 문항
월 일	13
걸린시간 분 초	16
❷ DAY	맞은 개수 / 전체 문항
월 일	9
걸린시간 분 초	10
❸ DAY	맞은 개수 / 전체 문항
월 일	17
걸린시간 분 초	18
❹ DAY	맞은 개수 / 전체 문항
월 일	17
걸린시간 분 초	18
❺ DAY	맞은 개수 / 전체 문항
월 일	19
걸린시간 분 초	21

원리 깨치기

❶ 진분수, 가분수, 대분수

$\dfrac{1}{4}, \dfrac{2}{4}, \dfrac{3}{4}$ ➡ (분모) $>$ (분자) ➡ 진분수

$\dfrac{4}{4}, \dfrac{5}{4}, \dfrac{6}{4}$ ➡ (분모) $=$ (분자) / (분모) $<$ (분자) ➡ 가분수

$1\dfrac{1}{4}, 2\dfrac{3}{4}$ ➡ (자연수)와 (진분수) ➡ 대분수

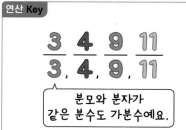

연산 Key

$\dfrac{3}{3}, \dfrac{4}{4}, \dfrac{9}{9}, \dfrac{11}{11}$

분모와 분자가 같은 분수도 가분수예요.

❷ 대분수를 가분수로, 가분수를 대분수로 고치기

[대분수 $2\dfrac{2}{3}$ 를 가분수로 고치기]

$2\dfrac{2}{3}$ ➡ $\dfrac{1}{3}$이 8개 ➡ $\dfrac{8}{3}$

[가분수 $\dfrac{8}{3}$ 을 대분수로 고치기]

$\dfrac{8}{3}$ ➡ $\dfrac{1}{3}$이 8개 ➡ $2\dfrac{2}{3}$

❸ 분모가 같은 분수의 크기 비교

$\dfrac{4}{3}$ $<$ $\dfrac{5}{3}$

분자의 크기가 클수록 큽니다.

$2\dfrac{5}{8}$ $<$ $3\dfrac{3}{8}$

대분수에서는 자연수의 크기를 먼저 비교하고 자연수의 크기가 클수록 큽니다.

$3\dfrac{5}{8}$ $>$ $3\dfrac{3}{8}$

대분수에서는 자연수의 크기가 같으면 분자의 크기가 클수록 큽니다.

$2\dfrac{3}{10}$ ($\dfrac{23}{10}$) $>$ $\dfrac{19}{10}$ ($1\dfrac{9}{10}$)

대분수를 가분수로 바꾸거나 가분수를 대분수로 바꾸어 비교합니다.

진분수를 찾아 ○표, 가분수를 찾아 △표 해 보세요.

연산 Key

$\frac{1}{4}$ $\frac{2}{4}$ $\frac{7}{4}$

① $\frac{10}{4}$ $\frac{3}{4}$

② $\frac{1}{2}$ $\frac{2}{2}$

③ $\frac{9}{8}$ $\frac{12}{8}$

④ $\frac{8}{6}$ $\frac{10}{6}$ $\frac{2}{6}$

⑤ $\frac{7}{5}$ $\frac{10}{5}$ $\frac{3}{5}$

⑥ $\frac{9}{9}$ $\frac{5}{9}$ $\frac{2}{9}$

❼ $\frac{4}{7}$ $\frac{10}{7}$ $\frac{2}{7}$

❽ $\frac{1}{10}$ $\frac{5}{10}$ $\frac{9}{10}$

❾ $\frac{1}{3}$ $\frac{2}{3}$ $\frac{3}{3}$

❿ $\frac{11}{13}$ $\frac{15}{13}$ $1\frac{12}{13}$ $\frac{16}{13}$

⓫ $1\frac{5}{20}$ $\frac{20}{20}$ $\frac{9}{20}$ $1\frac{5}{20}$

⓬ $\frac{18}{25}$ $4\frac{10}{25}$ $\frac{87}{25}$ $\frac{3}{25}$

⓭ $1\frac{2}{30}$ $\frac{30}{30}$ $\frac{53}{30}$ $4\frac{16}{30}$

진분수, 가분수, 대분수 찾기

가분수를 찾아 △표, 대분수를 찾아 ×표 해 보세요.

① $1\dfrac{1}{3}$　$\dfrac{30}{3}$

② $1\dfrac{4}{5}$　$\dfrac{3}{5}$

③ $\dfrac{10}{9}$　$\dfrac{3}{9}$

④ $\dfrac{7}{7}$　$6\dfrac{2}{7}$

⑤ $\dfrac{20}{8}$　$3\dfrac{6}{8}$　$\dfrac{8}{8}$

⑥ $\dfrac{8}{10}$　$9\dfrac{5}{10}$　$\dfrac{2}{10}$

⑦ $\dfrac{6}{6}$　$\dfrac{30}{6}$　$\dfrac{3}{6}$

⑧ $10\dfrac{5}{9}$　$\dfrac{2}{9}$　$5\dfrac{8}{9}$

⑨ $3\dfrac{5}{17}$　$\dfrac{2}{17}$　$7\dfrac{6}{17}$

⑩ $\dfrac{1}{14}$　$\dfrac{14}{14}$　$\dfrac{8}{14}$

⑪ $\dfrac{53}{35}$　$2\dfrac{5}{35}$　$\dfrac{18}{35}$

⑫ $\dfrac{13}{13}$　$\dfrac{25}{13}$　$1\dfrac{1}{13}$　$\dfrac{36}{13}$

⑬ $3\dfrac{11}{19}$　$\dfrac{20}{19}$　$\dfrac{9}{19}$　$3\dfrac{4}{19}$

⑭ $\dfrac{18}{27}$　$8\dfrac{10}{27}$　$\dfrac{27}{27}$　$\dfrac{3}{25}$

⑮ $1\dfrac{5}{60}$　$\dfrac{37}{60}$　$\dfrac{59}{60}$　$10\dfrac{30}{60}$

⑯ $\dfrac{1}{81}$　$\dfrac{82}{81}$　$\dfrac{33}{81}$　$6\dfrac{16}{81}$

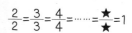

가분수를 대분수로 고쳐 보세요.

연산 Key

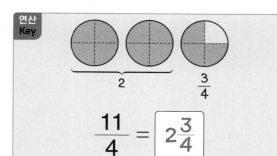

$$\frac{11}{4} = 2\frac{3}{4}$$

❶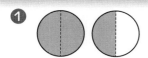

$$\frac{3}{2} = \boxed{}$$

❷

$$\frac{4}{3} = \boxed{}$$

❸

$$\frac{8}{3} = \boxed{}$$

❹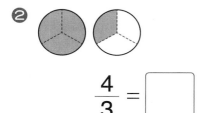

$$\frac{13}{4} = \boxed{}$$

❺

$$\frac{10}{4} = \boxed{}$$

❻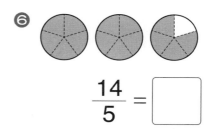

$$\frac{14}{5} = \boxed{}$$

❼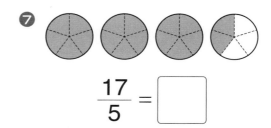

$$\frac{17}{5} = \boxed{}$$

❽

$$\frac{8}{6} = \boxed{}$$

❾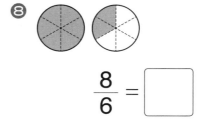

$$\frac{19}{6} = \boxed{}$$

🐡 대분수를 가분수로 고쳐 보세요.

❶

$$3\frac{1}{2} = \boxed{}$$

❷

$$2\frac{1}{2} = \boxed{}$$

❸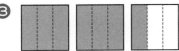

$$2\frac{1}{3} = \boxed{}$$

❹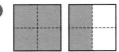

$$1\frac{2}{4} = \boxed{}$$

❺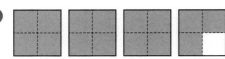

$$3\frac{3}{4} = \boxed{}$$

❻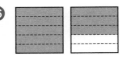

$$1\frac{3}{5} = \boxed{}$$

❼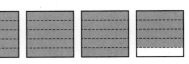

$$3\frac{4}{5} = \boxed{}$$

❽

$$2\frac{5}{6} = \boxed{}$$

❾

$$1\frac{4}{8} = \boxed{}$$

❿

$$2\frac{1}{8} = \boxed{}$$

연산력
키우기

3
DAY

가분수를 대분수로 고치기

가분수에 맞는 그림을
그려 보세요.

🐡 가분수를 대분수로 고쳐 보세요.

연산 Key

$$\frac{5}{3} = 1\frac{2}{3}$$

① $\dfrac{5}{2}$

② $\dfrac{7}{2}$

③ $\dfrac{10}{3}$

④ $\dfrac{9}{4}$

⑤ $\dfrac{13}{4}$

⑥ $\dfrac{12}{5}$

⑦ $\dfrac{16}{5}$

⑧ $\dfrac{13}{6}$

⑨ $\dfrac{15}{6}$

⑩ $\dfrac{18}{7}$

⑪ $\dfrac{22}{7}$

⑫ $\dfrac{10}{8}$

⑬ $\dfrac{18}{8}$

⑭ $\dfrac{12}{9}$

⑮ $\dfrac{17}{10}$

⑯ $\dfrac{33}{10}$

⑰ $\dfrac{14}{12}$

🐡 가분수를 대분수로 고쳐 보세요.

① $\dfrac{11}{2}$

② $\dfrac{8}{3}$

③ $\dfrac{17}{4}$

④ $\dfrac{24}{10}$

⑤ $\dfrac{25}{11}$

⑥ $\dfrac{36}{11}$

⑦ $\dfrac{24}{5}$

⑧ $\dfrac{17}{6}$

⑨ $\dfrac{23}{9}$

⑩ $\dfrac{53}{10}$

⑪ $\dfrac{17}{12}$

⑫ $\dfrac{28}{20}$

⑬ $\dfrac{20}{7}$

⑭ $\dfrac{26}{8}$

⑮ $\dfrac{19}{13}$

⑯ $\dfrac{28}{15}$

⑰ $\dfrac{33}{20}$

⑱ $\dfrac{30}{25}$

대분수를 가분수로 고쳐 보세요.

연산 Key

$$1\frac{1}{2} = \frac{3}{2}$$

❶ $1\frac{2}{3}$

❷ $2\frac{1}{3}$

❸ $4\frac{1}{3}$

❹ $2\frac{2}{4}$

❺ $3\frac{1}{4}$

❻ $1\frac{4}{5}$

❼ $2\frac{2}{5}$

❽ $2\frac{3}{6}$

❾ $3\frac{1}{6}$

❿ $1\frac{5}{7}$

⓫ $2\frac{6}{7}$

⓬ $3\frac{1}{7}$

⓭ $1\frac{7}{8}$

⓮ $1\frac{1}{9}$

⓯ $2\frac{4}{9}$

⓰ $2\frac{2}{10}$

⓱ $4\frac{5}{10}$

🐡 대분수를 가분수로 고쳐 보세요.

❶ $4\dfrac{1}{2}$

❷ $9\dfrac{1}{2}$

❸ $1\dfrac{3}{5}$

❹ $2\dfrac{2}{7}$

❺ $2\dfrac{3}{8}$

❻ $2\dfrac{6}{9}$

❼ $5\dfrac{3}{4}$

❽ $5\dfrac{5}{8}$

❾ $3\dfrac{1}{9}$

❿ $6\dfrac{7}{10}$

⓫ $1\dfrac{10}{11}$

⓬ $2\dfrac{3}{11}$

⓭ $10\dfrac{1}{2}$

⓮ $3\dfrac{1}{3}$

⓯ $2\dfrac{5}{6}$

⓰ $8\dfrac{5}{10}$

⓱ $1\dfrac{10}{12}$

⓲ $2\dfrac{4}{12}$

연산력
키우기

5 DAY

분모가 같은 분수의 크기 비교

분모가 같은 대분수는
자연수의 크기가 클수록
큰 수예요.

🐡 분수의 크기를 비교하여 ○ 안에 >, <를 알맞게 써넣으세요.

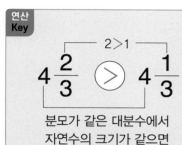

연산 Key

2>1

$4\dfrac{2}{3}$ ⟩ $4\dfrac{1}{3}$

분모가 같은 대분수에서
자연수의 크기가 같으면
분자의 크기를 비교해요.

⑥ $\dfrac{13}{8}$ ○ $\dfrac{21}{8}$

⑬ $10\dfrac{1}{2}$ ○ $9\dfrac{1}{2}$

⑦ $3\dfrac{1}{9}$ ○ $3\dfrac{4}{9}$

⑭ $1\dfrac{3}{5}$ ○ $2\dfrac{2}{5}$

❶ $\dfrac{6}{3}$ ○ $\dfrac{9}{3}$

⑧ $\dfrac{45}{7}$ ○ $\dfrac{35}{7}$

⑮ $7\dfrac{7}{8}$ ○ $7\dfrac{5}{8}$

❷ $\dfrac{10}{5}$ ○ $\dfrac{19}{5}$

⑨ $4\dfrac{4}{6}$ ○ $4\dfrac{1}{6}$

⑯ $\dfrac{30}{15}$ ○ $\dfrac{28}{15}$

❸ $\dfrac{8}{6}$ ○ $\dfrac{6}{6}$

⑩ $\dfrac{25}{11}$ ○ $\dfrac{33}{11}$

⑰ $2\dfrac{12}{25}$ ○ $2\dfrac{21}{25}$

❹ $1\dfrac{1}{4}$ ○ $1\dfrac{3}{4}$

⑪ $\dfrac{17}{12}$ ○ $\dfrac{15}{12}$

⑱ $\dfrac{40}{35}$ ○ $\dfrac{31}{35}$

❺ $2\dfrac{5}{8}$ ○ $1\dfrac{1}{8}$

⑫ $3\dfrac{9}{13}$ ○ $2\dfrac{10}{13}$

⑲ $7\dfrac{11}{30}$ ○ $5\dfrac{11}{30}$

🐡 분수의 크기를 비교하여 ○ 안에 >, =, <를 알맞게 써넣으세요.

❶ $1\dfrac{1}{2}$ ○ $\dfrac{5}{2}$

❷ $\dfrac{10}{3}$ ○ $2\dfrac{2}{3}$

❸ $1\dfrac{2}{3}$ ○ $\dfrac{7}{3}$

❹ $3\dfrac{2}{5}$ ○ $\dfrac{16}{5}$

❺ $\dfrac{10}{6}$ ○ $1\dfrac{4}{6}$

❻ $2\dfrac{2}{7}$ ○ $\dfrac{12}{7}$

❼ $\dfrac{13}{9}$ ○ $2\dfrac{4}{9}$

❽ $\dfrac{7}{4}$ ○ $1\dfrac{2}{4}$

❾ $\dfrac{20}{7}$ ○ $2\dfrac{4}{7}$

❿ $1\dfrac{6}{8}$ ○ $\dfrac{15}{8}$

⓫ $1\dfrac{1}{9}$ ○ $\dfrac{10}{9}$

⓬ $\dfrac{19}{10}$ ○ $5\dfrac{8}{10}$

⓭ $4\dfrac{7}{11}$ ○ $\dfrac{25}{11}$

⓮ $1\dfrac{6}{12}$ ○ $\dfrac{18}{12}$

⓯ $5\dfrac{1}{4}$ ○ $\dfrac{17}{4}$

⓰ $\dfrac{7}{2}$ ○ $2\dfrac{1}{2}$

⓱ $\dfrac{11}{5}$ ○ $2\dfrac{3}{5}$

⓲ $2\dfrac{4}{8}$ ○ $\dfrac{20}{8}$

⓳ $3\dfrac{5}{10}$ ○ $\dfrac{16}{10}$

⓴ $\dfrac{27}{12}$ ○ $2\dfrac{1}{12}$

㉑ $1\dfrac{2}{13}$ ○ $\dfrac{29}{13}$

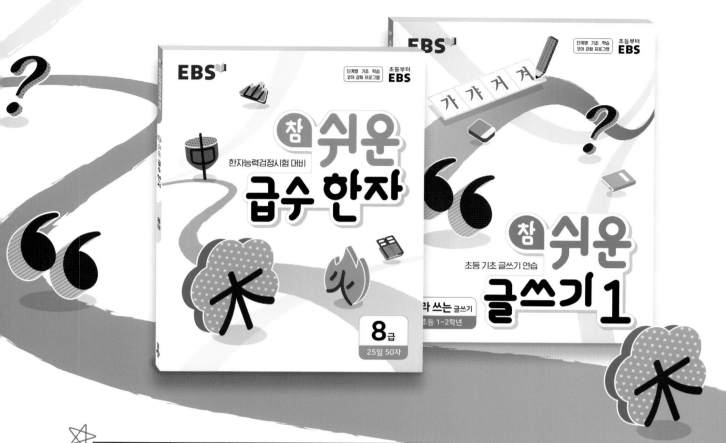

EBS와 함께하는 초등 학습

참 쉬운 글쓰기
급수 한자

참 쉬운 글쓰기

따라 쓰는 글쓰기 (1~2학년)	문법에 맞는 글쓰기 (3~6학년)	목적에 맞는 글쓰기 (3~6학년)

참 쉬운 급수 한자

8급	7급	7급 II

효과가 상상 이상입니다.

예전에는 아이들의 어휘 학습을 위해 학습지를 만들어 주기도 했는데,
이제는 이 교재가 있으니 어휘 학습 고민은 해결되었습니다.
아이들에게 아침 자율 활동으로 할 것을 제안하였는데,
"선생님, 더 풀어도 되나요?"라는 모습을 보면,
아이들의 기초 학습 습관 형성에도 큰 도움이 되고 있다고 생각합니다.

ㄷ초등학교 안OO 선생님

어휘 공부의 힘을 느꼈습니다.

학습에 자신감이 없던 학생도 이미 배운 어휘가 수업에 나왔을 때 반가워합니다.
어휘를 먼저 학습하면서 흥미도가 높아지고
동기 부여가 되는 것을 보면서 어휘 공부의 힘을 느꼈습니다.

ㅂ학교 김OO 선생님

학생들 스스로 뿌듯해해요.

처음에는 어휘 학습을 따로 한다는 것 자체가 부담스러워했지만,
공부하는 내용에 대해 이해도가 높아지는 경험을 하면서
스스로 뿌듯해하는 모습을 볼 수 있었습니다.

ㅅ초등학교 손OO 선생님

앞으로도 활용할 계획입니다.

학생들에게 확인 문제의 수준이 너무 어렵지 않으면서도
교과서에 나오는 낱말의 뜻을 확실하게 배울 수 있었고,
주요 학습 내용과 관련 있는 낱말의 뜻과 용례를
정확하게 공부할 수 있어서 효과적이었습니다.

ㅅ초등학교 지OO 선생님

학교 선생님들이 확인한
어휘가 문해력이다의 학습 효과!
직접 경험해 보세요

학기별 교과서 어휘 완전 학습
<어휘가 문해력이다>
—— 예비 초등 ~ 중학 3학년 ——

초|등|부|터 **EBS**

단계별 기초 학습
코어 강화 프로그램

주제별 5일 구성, 매일 2쪽으로 키우는 계산력

만점왕
연산 **6** 단계

초등 3학년

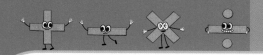

정답

1 (세 자리 수)×(한 자리 수)(1)

1 올림이 없는 (세 자리 수)×(한 자리 수)

DAY

11쪽

❶ 933	❻ 660	⓫ 446
❷ 282	❼ 505	⓬ 996
❸ 639	❽ 882	⓭ 846
❹ 660	❾ 842	⓮ 480
❺ 648	❿ 770	

12쪽

❶ 622	❺ 688	❾ 642
❷ 426	❻ 666	❿ 848
❸ 669	❼ 909	⓫ 444
❹ 668	❽ 939	⓬ 620

2 일의 자리에서 올림이 있는 (세 자리 수)×(한 자리 수)

DAY

13쪽

❶ 675	❻ 918	⓫ 530
❷ 878	❼ 876	⓬ 672
❸ 896	❽ 492	⓭ 856
❹ 684	❾ 290	⓮ 951
❺ 672	❿ 984	

14쪽

❶ 476	❺ 642	❾ 570
❷ 832	❻ 276	❿ 678
❸ 575	❼ 945	⓫ 324
❹ 464	❽ 694	⓬ 981

3 DAY 십의 자리에서 올림이 있는 (세 자리 수)×(한 자리 수)

15쪽

❶ 506
❷ 429
❸ 648
❹ 720
❺ 910
❻ 846
❼ 759
❽ 579
❾ 708
❿ 426
⓫ 800
⓬ 942
⓭ 924
⓮ 917

16쪽

❶ 516
❷ 768
❸ 704
❹ 873
❺ 968
❻ 902
❼ 729
❽ 608
❾ 544
❿ 600
⓫ 764
⓬ 955

4 DAY 백의 자리에서 올림이 있는 (세 자리 수)×(한 자리 수)

17쪽

❶ 1062
❷ 1206
❸ 7288
❹ 1268
❺ 3066
❻ 3284
❼ 1869
❽ 1028
❾ 4970
❿ 2469
⓫ 1884
⓬ 2799
⓭ 2888
⓮ 4055

18쪽

❶ 1599
❷ 5460
❸ 1263
❹ 1628
❺ 6488
❻ 1505
❼ 2488
❽ 1536
❾ 4207
❿ 5499
⓫ 1468
⓬ 5607

5 DAY 올림이 없거나 올림이 한 번 있는 (세 자리 수)×(한 자리 수)

19쪽

❶ 999
❷ 849
❸ 2177
❹ 585
❺ 384
❻ 756
❼ 4808
❽ 246
❾ 2048
❿ 848
⓫ 4266
⓬ 1836
⓭ 999
⓮ 588

20쪽

❶ 496
❷ 624
❸ 855
❹ 4888
❺ 896
❻ 2169
❼ 728
❽ 847
❾ 3248
❿ 981
⓫ 636
⓬ 900
⓭ 294
⓮ 789
⓯ 448
⓰ 5406
⓱ 2088
⓲ 1824

2 (세 자리 수)×(한 자리 수)(2)

1 DAY 올림이 두 번 있는 (세 자리 수)×(한 자리 수)(1)

23쪽

① 778
② 3575
③ 1250
④ 3591
⑤ 1692
⑥ 1278
⑦ 636
⑧ 2259
⑨ 834
⑩ 1890
⑪ 1848
⑫ 801
⑬ 6318
⑭ 762

24쪽

① 770
② 1348
③ 2172
④ 625
⑤ 514
⑥ 2379
⑦ 1488
⑧ 798
⑨ 804
⑩ 1757
⑪ 6456
⑫ 3168

2 DAY 올림이 두 번 있는 (세 자리 수)×(한 자리 수)(2)

25쪽

① 1870
② 771
③ 1408
④ 4896
⑤ 2876
⑥ 954
⑦ 1968
⑧ 912
⑨ 740
⑩ 1670
⑪ 992
⑫ 2475
⑬ 1010
⑭ 938

26쪽

① 768
② 5957
③ 998
④ 942
⑤ 1668
⑥ 750
⑦ 1749
⑧ 3080
⑨ 2019
⑩ 8739
⑪ 924
⑫ 1768

3 DAY 올림이 세 번 있는 (세 자리 수)×(한 자리 수)

27쪽

❶ 1480　❻ 1518　⓫ 2091
❷ 2832　❼ 6615　⓬ 2916
❸ 6244　❽ 3852　⓭ 4125
❹ 4288　❾ 1638　⓮ 1530
❺ 1860　❿ 1110

28쪽

❶ 4122　❺ 1737　❾ 4448
❷ 2984　❻ 4752　❿ 1712
❸ 1365　❼ 4753　⓫ 1332
❹ 4760　❽ 2310　⓬ 5776

4 DAY 올림이 여러 번 있는 (세 자리 수)×(한 자리 수)⑴

29쪽

❶ 675　❻ 861　⓫ 1164
❷ 2046　❼ 1980　⓬ 1884
❸ 2568　❽ 1932　⓭ 5040
❹ 1998　❾ 3805　⓮ 582
❺ 2476　❿ 2646

30쪽

❶ 1716　❼ 1950　⓭ 1924
❷ 1974　❽ 3997　⓮ 1122
❸ 3768　❾ 912　⓯ 938
❹ 2568　❿ 4260　⓰ 5286
❺ 4494　⓫ 2088　⓱ 837
❻ 640　⓬ 554　⓲ 2764

5 DAY 올림이 여러 번 있는 (세 자리 수)×(한 자리 수)⑵

31쪽

(위부터)　❹ 4, 2　❽ 3, 6
❶ 1, 6　❺ 6, 7　❾ 9, 1
❷ 7, 5　❻ 5, 1　❿ 5, 3
❸ 1, 5　❼ 8, 8　⓫ 6, 7

32쪽

❶ 3504　❼ 2430　⓭ 915
❷ 3216　❽ 3092　⓮ 477
❸ 1132　❾ 4080　⓯ 3612
❹ 6381　❿ 1254　⓰ 1998
❺ 792　⓫ 3090　⓱ 1068
❻ 6545　⓬ 794　⓲ 4488

3 (두 자리 수)x(두 자리 수)(1), (한 자리 수)x(두 자리 수)

1 DAY (몇십)×(몇십), (몇십몇)×(몇십)(1)

35쪽

❶ 3600	❾ 400	⓱ 6400			
❷ 1200	❿ 2100	⓲ 1800			
❸ 900	⓫ 1000	⓳ 3600			
❹ 1600	⓬ 1800	⓴ 4200			
❺ 3200	⓭ 2800	㉑ 2700			
❻ 3500	⓮ 4200	㉒ 3600			
❼ 3000	⓯ 2400	㉓ 1500			
❽ 8100	⓰ 4000				

36쪽

❶ 360	❿ 2700	⓳ 2220
❷ 640	⓫ 1120	⓴ 1760
❸ 840	⓬ 4480	㉑ 2660
❹ 690	⓭ 650	㉒ 1140
❺ 3570	⓮ 440	㉓ 480
❻ 1860	⓯ 420	㉔ 1160
❼ 860	⓰ 5760	㉕ 2580
❽ 3680	⓱ 4160	㉖ 4960
❾ 5740	⓲ 7020	㉗ 3950

2 DAY (몇십)×(몇십), (몇십몇)×(몇십)(2)

37쪽

❶ 2800	❼ 4800	⓭ 1200
❷ 2000	❽ 600	⓮ 3500
❸ 5400	❾ 5600	⓯ 1600
❹ 1800	❿ 2000	⓰ 5400
❺ 2100	⓫ 6300	⓱ 1000
❻ 1800	⓬ 3200	

38쪽

❶ 2640	❼ 1100	⓭ 330
❷ 1150	❽ 1350	⓮ 2520
❸ 1680	❾ 7520	⓯ 3750
❹ 3240	❿ 1000	⓰ 7600
❺ 4970	⓫ 4640	⓱ 2580
❻ 1340	⓬ 2520	⓲ 2400

3 DAY (몇)×(몇십몇) (1)

39쪽

❶ 136	❼ 441	⓭ 205
❷ 72	❽ 672	⓮ 322
❸ 126	❾ 92	⓯ 146
❹ 130	❿ 156	⓰ 243
❺ 736	⓫ 90	⓱ 108
❻ 236	⓬ 132	

40쪽

❶ 328	❼ 255	⓭ 156
❷ 296	❽ 837	⓮ 75
❸ 172	❾ 296	⓯ 234
❹ 158	❿ 259	⓰ 792
❺ 644	⓫ 265	⓱ 273
❻ 144	⓬ 384	⓲ 200

4 DAY (몇)×(몇십몇) (2)

41쪽

❶ 252	❻ 688	⓫ 873
❷ 294	❼ 316	⓬ 235
❸ 58	❽ 106	⓭ 450
❹ 81	❾ 224	⓮ 189
❺ 440	❿ 168	⓯ 472

42쪽

❶ 126	❼ 388	⓭ 98
❷ 275	❽ 504	⓮ 570
❸ 232	❾ 145	⓯ 371
❹ 188	❿ 288	⓰ 207
❺ 264	⓫ 222	
❻ 135	⓬ 147	

5 DAY (몇십)×(몇십), (몇십몇)×(몇십), (몇)×(몇십몇)

43쪽

❶ 2560	❼ 3300	⓭ 1720
❷ 72	❽ 486	⓮ 511
❸ 2450	❾ 1400	⓯ 126
❹ 2500	❿ 5760	⓰ 8010
❺ 264	⓫ 445	⓱ 1200
❻ 117	⓬ 1200	

44쪽

❶ 1260	❼ 470	⓭ 4000
❷ 78	❽ 192	⓮ 1520
❸ 132	❾ 2400	⓯ 3710
❹ 1740	❿ 5250	⓰ 203
❺ 6300	⓫ 512	⓱ 2400
❻ 232	⓬ 2700	⓲ 495

7 정답

4 (두 자리 수)×(두 자리 수)(2)

1 DAY 올림이 한 번 있는 (두 자리 수)×(두 자리 수)(1)

47쪽

① 945 ⑥ 1274 ⑪ 1612
② 989 ⑦ 714   ⑫ 2911
③ 775 ⑧ 768   ⑬ 1207
④ 966 ⑨ 255   ⑭ 819
⑤ 377 ⑩ 1066

48쪽

① 448   ⑦ 728   ⑬ 1344
② 192   ⑧ 552   ⑭ 589
③ 234   ⑨ 564   ⑮ 444
④ 1953 ⑩ 496   ⑯ 588
⑤ 1547 ⑪ 6561
⑥ 624   ⑫ 2952

2 DAY 올림이 한 번 있는 (두 자리 수)×(두 자리 수)(2)

49쪽

① 225   ⑥ 336   ⑪ 4641
② 325   ⑦ 180   ⑫ 854
③ 1891 ⑧ 676   ⑬ 336
④ 1107 ⑨ 949   ⑭ 984
⑤ 1098 ⑩ 434   ⑮ 1722

50쪽

① 1008 ⑦ 1288 ⑬ 1911
② 1581 ⑧ 1302 ⑭ 689
③ 2601 ⑨ 238   ⑮ 888
④ 936   ⑩ 976   ⑯ 3362
⑤ 996   ⑪ 735
⑥ 738   ⑫ 3321

3 DAY
올림이 여러 번 있는 (두 자리 수)×(두 자리 수) (1)

51쪽

❶ 1044 ❻ 2552 ⑪ 2028
❷ 1334 ❼ 1958 ⑫ 2139
❸ 845   ❽ 4929 ⑬ 2790
❹ 2698 ❾ 6745 ⑭ 6478
❺ 1584 ❿ 765

52쪽

❶ 1164 ❼ 1022 ⑬ 2970
❷ 6308 ❽ 4275 ⑭ 8918
❸ 962   ❾ 672   ⑮ 1156
❹ 874   ❿ 1708 ⑯ 1728
❺ 1152 ⑪ 4004
❻ 1176 ⑫ 4080

4 DAY
올림이 여러 번 있는 (두 자리 수)×(두 자리 수) (2)

53쪽

❶ 1656 ❻ 2016 ⑪ 1615
❷ 1470 ❼ 6045 ⑫ 1591
❸ 4264 ❽ 7719 ⑬ 7007
❹ 912   ❾ 2037 ⑭ 2346
❺ 1564 ❿ 954   ⑮ 1482

54쪽

❶ 1728 ❼ 4680 ⑬ 1472
❷ 1288 ❽ 3977 ⑭ 4118
❸ 2244 ❾ 638   ⑮ 5859
❹ 1012 ❿ 2538 ⑯ 5508
❺ 2001 ⑪ 1890
❻ 3264 ⑫ 4628

5 DAY
(두 자리 수)×(두 자리 수)

55쪽

❶ 378   ❻ 867   ⑪ 3055
❷ 1672 ❼ 3486 ⑫ 1743
❸ 494   ❽ 3002 ⑬ 1843
❹ 990   ❾ 768   ⑭ 5609
❺ 2268 ❿ 868   ⑮ 2068

56쪽

❶ 915   ❻ 3952 ⑪ 3822
❷ 918   ❼ 1696 ⑫ 3621
❸ 3577 ❽ 9025 ⑬ 1922
❹ 1113 ❾ 3362 ⑭ 2904
❺ 972   ❿ 2574 ⑮ 876

5 (두 자리 수)÷(한 자리 수)(1)

1 DAY 내림이 없는 (몇십)÷(몇), 내림이 있는 (몇십)÷(몇)

59쪽

❶ 10		❼ 45	
❷ 15		❽ 35	
❸ 20		❾ 10	
❹ 10		❿ 25	
❺ 10		⓫ 10	
❻ 12			

60쪽

❶ 20		❼ 15	
❷ 10		❽ 30	
❸ 40		❾ 10	
❹ 14		❿ 20	
❺ 16		⓫ 30	
❻ 10		⓬ 18	

2 DAY 내림이 없는 (몇십몇)÷(몇)

61쪽

❶ 11		❼ 22	
❷ 44		❽ 21	
❸ 21		❾ 11	
❹ 33		❿ 33	
❺ 21		⓫ 22	
❻ 11			

62쪽

❶ 12		❼ 11	
❷ 14		❽ 11	
❸ 32		❾ 23	
❹ 11		❿ 41	
❺ 32		⓫ 31	
❻ 22		⓬ 31	

3
DAY

내림이 있는 (몇십몇)÷(몇)(1)

63쪽

❶ 25
❷ 16
❸ 19
❹ 18
❺ 14
❻ 15
❼ 14
❽ 28
❾ 12
❿ 12
⓫ 12

64쪽

❶ 18
❷ 26
❸ 18
❹ 17
❺ 16
❻ 29
❼ 24
❽ 17
❾ 16
❿ 29
⓫ 23
⓬ 48

4
DAY

내림이 있는 (몇십몇)÷(몇)(2)

65쪽

❶ 17
❷ 39
❸ 13
❹ 13
❺ 17
❻ 19
❼ 27
❽ 37
❾ 13
❿ 47
⓫ 28

66쪽

❶ 26
❷ 24
❸ 19
❹ 36
❺ 14
❻ 16
❼ 13
❽ 14
❾ 46
❿ 38
⓫ 27
⓬ 19

5
DAY

(몇십)÷(몇), (몇십몇)÷(몇)

67쪽

❶ 42
❷ 26
❸ 12
❹ 10
❺ 11
❻ 17
❼ 14
❽ 13
❾ 10
❿ 23
⓫ 49
⓬ 13
⓭ 34
⓮ 45
⓯ 13

68쪽

❶ 12
❷ 21
❸ 19
❹ 29
❺ 11
❻ 11
❼ 30
❽ 15
❾ 12
❿ 17
⓫ 30
⓬ 22
⓭ 14
⓮ 18
⓯ 12
⓰ 13

6 (두 자리 수)÷(한 자리 수)(2)

1 DAY 내림이 없고 나머지가 있는 (몇십몇)÷(몇) (1)

71쪽

❶ 7…1	❻ 9…2	⓫ 8…1
❷ 6…2	❼ 2…3	⓬ 5…2
❸ 5…5	❽ 6…1	⓭ 6…4
❹ 8…3	❾ 4…2	⓮ 4…5
❺ 7…6	❿ 4…1	

72쪽

❶ 5…1	❼ 9…1	⓭ 6…1
❷ 9…7	❽ 3…1	⓮ 7…1
❸ 5…1	❾ 7…4	⓯ 5…2
❹ 8…3	❿ 4…2	⓰ 4…2
❺ 5…1	⓫ 9…3	
❻ 6…3	⓬ 6…8	

2 DAY 내림이 없고 나머지가 있는 (몇십몇)÷(몇) (2)

73쪽

❶ 11…2	❼ 22…1
❷ 23…1	❽ 22…1
❸ 12…1	❾ 11…3
❹ 21…2	❿ 31…1
❺ 34…1	⓫ 11…1
❻ 11…1	

74쪽

❶ 11…4	❼ 21…2
❷ 13…1	❽ 11…2
❸ 11…2	❾ 12…1
❹ 21…1	❿ 41…1
❺ 11…3	⓫ 11…1
❻ 32…1	⓬ 32…1

3
내림이 있고 나머지가 있는 (몇십몇)÷(몇)(1)

75쪽

❶ 25…1		❼ 14…2	
❷ 28…1		❽ 35…1	
❸ 12…4		❾ 12…2	
❹ 14…1		❿ 13…4	
❺ 12…3		⓫ 27…1	
❻ 11…5			

76쪽

❶ 19…1		❼ 26…1	
❷ 18…1		❽ 14…1	
❸ 15…3		❾ 12…4	
❹ 13…4		❿ 24…1	
❺ 11…5		⓫ 17…1	
❻ 23…2		⓬ 12…5	

4
내림이 있고 나머지가 있는 (몇십몇)÷(몇)(2)

77쪽

❶ 47…1		❼ 18…3	
❷ 13…2		❽ 12…3	
❸ 12…5		❾ 12…1	
❹ 15…3		❿ 27…2	
❺ 26…1		⓫ 15…5	
❻ 37…1			

78쪽

❶ 14…4		❼ 25…2	
❷ 49…1		❽ 11…4	
❸ 12…2		❾ 14…2	
❹ 18…1		❿ 15…3	
❺ 16…1		⓫ 39…1	
❻ 11…7		⓬ 17…3	

5
나머지가 있는 (몇십몇)÷(몇)

79쪽

❶ 9…1	❻ 21…3	⓫ 11…4
❷ 16…4	❼ 22…1	⓬ 19…3
❸ 7…3	❽ 14…1	⓭ 21…1
❹ 12…1	❾ 12…2	⓮ 5…3
❺ 11…1	❿ 3…6	⓯ 19…2

80쪽

❶ 3…2	❻ 4…3	⓫ 11…2
❷ 12…2	❼ 28…1	⓬ 11…2
❸ 15…1	❽ 3…5	⓭ 17…1
❹ 13…4	❾ 16…1	⓮ 11…1
❺ 12…3	❿ 24…2	⓯ 9…4

7 (세 자리 수)÷(한 자리 수)(1)

1
DAY

나머지가 없는 (몇백)÷(몇), (몇백 몇십)÷(몇)

83쪽

❶ 120
❷ 160
❸ 100
❹ 100
❺ 130
❻ 110
❼ 200
❽ 100
❾ 240
❿ 320
⓫ 100

84쪽

❶ 400
❷ 130
❸ 120
❹ 200
❺ 150
❻ 110
❼ 100
❽ 110
❾ 210
❿ 100
⓫ 160
⓬ 180

2
DAY

몫이 세 자리 수이고 나머지가 없는 (세 자리 수)÷(한 자리 수)

85쪽

❶ 378
❷ 211
❸ 243
❹ 144
❺ 113
❻ 111
❼ 124
❽ 168

86쪽

❶ 411
❷ 155
❸ 313
❹ 256
❺ 211
❻ 116
❼ 321
❽ 198
❾ 132
❿ 153
⓫ 119
⓬ 124

3 DAY 몫이 두 자리 수이고 나머지가 없는 (세 자리 수)÷(한 자리 수)

87쪽

1. 59
2. 42
3. 31
4. 19
5. 35
6. 43
7. 22
8. 26
9. 28
10. 27
11. 54

88쪽

1. 84
2. 47
3. 54
4. 64
5. 51
6. 32
7. 38
8. 23
9. 37
10. 18
11. 18
12. 43

4 DAY 나머지가 없는 (세 자리 수)÷(한 자리 수)(1)

89쪽

1. 132
2. 45
3. 230
4. 137
5. 36
6. 159
7. 190
8. 93

90쪽

1. 100
2. 121
3. 175
4. 198
5. 123
6. 29
7. 54
8. 166
9. 116
10. 67
11. 126
12. 42

5 DAY 나머지가 없는 (세 자리 수)÷(한 자리 수)(2)

91쪽

1. 332
2. 146
3. 12
4. 86
5. 63
6. 120
7. 123
8. 111
9. 116
10. 77
11. 119

92쪽

1. 100
2. 79
3. 170
4. 297
5. 53
6. 55
7. 423
8. 21
9. 17
10. 191
11. 78
12. 112
13. 280
14. 112
15. 160
16. 74

8 (세 자리 수)÷(한 자리 수)(2)

1 DAY
몫이 세 자리 수이고 나머지가 있는 (세 자리 수)÷(한 자리 수)

95쪽

❶ 222⋯1
❷ 190⋯4
❸ 152⋯3
❹ 112⋯5
❺ 137⋯2
❻ 201⋯1
❼ 111⋯2
❽ 257⋯2

96쪽

❶ 306⋯1
❷ 131⋯1
❸ 101⋯2
❹ 209⋯1
❺ 217⋯3
❻ 116⋯7
❼ 117⋯1
❽ 248⋯2
❾ 109⋯3
❿ 347⋯1
⓫ 111⋯4
⓬ 121⋯5

2 DAY
몫이 두 자리 수이고 나머지가 있는 (세 자리 수)÷(한 자리 수)

97쪽

❶ 82⋯1
❷ 68⋯3
❸ 77⋯2
❹ 38⋯2
❺ 93⋯4
❻ 92⋯3
❼ 54⋯5
❽ 59⋯4
❾ 62⋯4
❿ 85⋯2
⓫ 95⋯2

98쪽

❶ 25⋯4
❷ 53⋯7
❸ 36⋯1
❹ 73⋯1
❺ 62⋯1
❻ 16⋯6
❼ 87⋯4
❽ 62⋯3
❾ 54⋯3
❿ 46⋯4
⓫ 87⋯6
⓬ 42⋯5

맞게 계산했는지 확인하기

99쪽

❶ 244…1
2×244=488,
488+1=489

❷ 204…2
4×204=816,
816+2=818

❸ 101…3
6×101=606,
606+3=609

❹ 49…1
3×49=147,
147+1=148

❺ 125…2
5×125=625,
625+2=627

❻ 15…3
9×15=135,
135+3=138

❼ 25…5
8×25=200,
200+5=205

❽ 111…2
7×111=777,
777+2=779

100쪽

❶ 221…1
3×221=663,
663+1=664

❷ 111…4
5×111=555,
555+4=559

❸ 71…4
7×71=497,
497+4=501

❹ 148…3
6×148=888,
888+3=891

❺ 52…3
4×52=208,
208+3=211

❻ 107…6
9×107=963,
963+6=969

❼ 75…1
2×75=150,
150+1=151

❽ 23…2
8×23=184,
184+2=186

❾ 216…1
3×216=648,
648+1=649

나머지가 있는 (세 자리 수)÷(한 자리 수)⑴

101쪽

❶ 246…2
❷ 82…1
❸ 142…2
❹ 64…1
❺ 54…2
❻ 115…4
❼ 65…1
❽ 134…1

102쪽

❶ 53…1
❷ 201…3
❸ 12…8
❹ 111…6
❺ 173…2
❻ 126…5
❼ 92…2
❽ 18…4
❾ 442…1
❿ 25…3
⓫ 103…4
⓬ 33…2

103쪽

❶ 154…3

❷ 42…4

❸ 51…1

❹ 369…1

❺ 42…1

❻ 44…5

❼ 201…2

❽ 62…2

❾ 206…1

❿ 74…3

⓫ 142…2

104쪽

❶ 157…1
3×157=471,
471+1=472

❷ 202…1
2×202=404,
404+1=405

❸ 71…3
8×71=568,
568+3=571

❹ 31…2
7×31=217,
217+2=219

❺ 111…6
7×111=777,
777+6=783

❻ 18…4
6×18=108,
108+4=112

❼ 61…3
5×61=305,
305+3=308

❽ 24…1
9×24=216,
216+1=217

❾ 211…3
4×211=844,
844+3=847

9 분수

1 DAY 분수로 나타내기 (1)

107쪽

❶ 4 ❺ 2
❷ 3 ❻ 3
❸ 1 ❼ 1
❹ 3

108쪽

❶ 5 ❺ 2
❷ 2 ❻ 5
❸ 3 ❼ 4
❹ 1 ❽ 5

2 DAY 분수로 나타내기 (2)

109쪽

❶ 5, 4
❷ 7, 6
❸ 4, 3
❹ 3, 2
❺ 3, 2
❻ 1, $\frac{3}{4}$
❼ 1, $\frac{2}{4}$
❽ 1, $\frac{2}{5}$

110쪽

❶ $\frac{1}{3}$, $\frac{2}{3}$
❷ $\frac{1}{3}$, $\frac{2}{3}$
❸ $\frac{1}{11}$, $\frac{7}{11}$, $\frac{10}{11}$
❹ $\frac{1}{4}$, $\frac{2}{4}$, $\frac{3}{4}$
❺ $\frac{1}{5}$, $\frac{2}{5}$, $\frac{3}{5}$, $\frac{4}{5}$
❻ $\frac{1}{6}$, $\frac{2}{6}$, $\frac{3}{6}$, $\frac{5}{6}$

정답 **19**

3 DAY 분수만큼을 구하기(1)

111쪽

① 2, 4

② 2, 6

③ 1, 5

④ 2, 6

⑤ 1, 2

⑥ 2, 8

⑦ 3, 9

112쪽

① 2, 1

② 3, 1

③ 6, 5

④ 9, 4

⑤ 3, 9

⑥ 2, 8

⑦ 9, 18

⑧ 3, 15

⑨ 6, 12

⑩ 2, 10

⑪ 4, 12

⑫ 5, 35

4 DAY 분수만큼을 구하기(2)

113쪽

① 5, 10

② 5, 10

③ 7, 14

④ 6, 18

⑤ 3, 15

⑥ 4, 12

⑦ 2, 10

114쪽

① 1, 3

② 2, 4

③ 2, 4

④ 3, 9

⑤ 4, 8

⑥ 2, 14

⑦ 2, 4

⑧ 1, 2

⑨ 3, 15

⑩ 2, 8

⑪ 8, 24

⑫ 4, 32

115쪽

❶ ●●○○

❷ ●●●○○○

❸ ●●○○○○○○

❹ ●●○○○○○○○○

❺ ●●○○○
　 ●●○○○

❻ ●○○○○

❼ ●●●●●●○

❽ ●●●●○○

❾ ●●●●●●○○

❿ ●●●●●●●●○○

⓫ ●●●●○○
　 ●●●●○○

116쪽

❶ ●●●●●
　 ○○○○○

❷ ●●●●●
　 ○○○○○

❸ ●●●●●
　 ○○○○○
　 ○○○○○

❹ ●●●●○
　 ●●●●○
　 ●●●●○

❺ ●●●○○○
　 ●●●○○○
　 ●●●○○○
　 ●●●○○○

❻ ●●●●●●●●●●
　 ●●●●●●●○○○

❼ ●●●○○○○○○
　 ●●●○○○○○○

❽ ●●○○○○○○
　 ●●○○○○○○
　 ●●○○○○○○

❾ ●●●●●●●●●
　 ●●●●●●●●●
　 ○○○○○○○○○

❿ ●●○○○○○
　 ●●○○○○○
　 ●●○○○○○
　 ●●○○○○○

10 여러 가지 분수, 분수의 크기 비교

1 DAY 진분수, 가분수, 대분수 찾기

119쪽

1. $\frac{10}{4}$ $\frac{3}{4}$

2. $\frac{1}{2}$ $\frac{2}{2}$

3. $\frac{9}{8}$ $\frac{12}{8}$

4. $\frac{8}{6}$ $\frac{10}{6}$ $\frac{2}{6}$

5. $\frac{7}{5}$ $\frac{10}{5}$ $\frac{3}{5}$

6. $\frac{9}{9}$ $\frac{5}{9}$ $\frac{2}{9}$

7. $\frac{4}{7}$ $\frac{10}{7}$ $\frac{2}{7}$

8. $\frac{1}{10}$ $\frac{5}{10}$ $\frac{9}{10}$

9. $\frac{1}{3}$ $\frac{2}{3}$ $\frac{3}{3}$

10. $\frac{11}{13}$ $\frac{15}{13}$ $1\frac{12}{13}$ $\frac{16}{13}$

11. $1\frac{5}{20}$ $\frac{20}{20}$ $\frac{9}{20}$ $1\frac{5}{20}$

12. $\frac{18}{25}$ $4\frac{10}{25}$ $\frac{87}{25}$ $\frac{3}{25}$

13. $1\frac{2}{30}$ $\frac{30}{30}$ $\frac{53}{30}$ $4\frac{16}{30}$

120쪽

1. $1\frac{1}{3}$ $\frac{30}{3}$

2. $1\frac{4}{5}$ $\frac{3}{5}$

3. $\frac{10}{9}$ $\frac{3}{9}$

4. $\frac{7}{7}$ $\frac{2}{7}$

5. $\frac{20}{8}$ $\frac{6}{8}$ $\frac{8}{8}$

6. $\frac{8}{10}$ $9\frac{5}{10}$ $\frac{2}{10}$

7. $\frac{6}{6}$ $\frac{30}{6}$ $\frac{3}{6}$

8. $10\frac{5}{9}$ $\frac{2}{9}$ $\frac{8}{9}$

9. $3\frac{5}{17}$ $\frac{2}{17}$ $7\frac{6}{17}$

10. $\frac{1}{14}$ $\frac{14}{14}$ $\frac{8}{14}$

11. $\frac{53}{35}$ $2\frac{5}{35}$ $\frac{18}{35}$

12. $\frac{13}{13}$ $\frac{25}{13}$ $1\frac{1}{13}$ $\frac{36}{13}$

13. $3\frac{11}{19}$ $\frac{20}{19}$ $\frac{9}{19}$ $3\frac{4}{19}$

14. $\frac{18}{27}$ $8\frac{10}{27}$ $\frac{27}{27}$ $\frac{3}{25}$

15. $1\frac{5}{60}$ $\frac{37}{60}$ $\frac{59}{60}$ $10\frac{30}{60}$

16. $\frac{1}{81}$ $\frac{82}{81}$ $\frac{33}{81}$ $6\frac{16}{81}$

가분수를 대분수로, 대분수를 가분수로 고치기

121쪽

❶ $1\frac{1}{2}$ ❹ $3\frac{1}{4}$ ❼ $3\frac{2}{5}$

❷ $1\frac{1}{3}$ ❺ $2\frac{2}{4}$ ❽ $1\frac{2}{6}$

❸ $2\frac{2}{3}$ ❻ $2\frac{4}{5}$ ❾ $3\frac{1}{6}$

122쪽

❶ $\frac{7}{2}$ ❹ $\frac{6}{4}$ ❼ $\frac{19}{5}$

❷ $\frac{5}{2}$ ❺ $\frac{15}{4}$ ❽ $\frac{17}{6}$

❸ $\frac{7}{3}$ ❻ $\frac{8}{5}$ ❾ $\frac{12}{8}$

❿ $\frac{17}{8}$

가분수를 대분수로 고치기

123쪽

❶ $2\frac{1}{2}$ ❼ $3\frac{1}{5}$ ⓭ $2\frac{2}{8}$

❷ $3\frac{1}{2}$ ❽ $2\frac{1}{6}$ ⓮ $1\frac{3}{9}$

❸ $3\frac{1}{3}$ ❾ $2\frac{3}{6}$ ⓯ $1\frac{7}{10}$

❹ $2\frac{1}{4}$ ❿ $2\frac{4}{7}$ ⓰ $3\frac{3}{10}$

❺ $3\frac{1}{4}$ ⓫ $3\frac{1}{7}$ ⓱ $1\frac{2}{12}$

❻ $2\frac{2}{5}$ ⓬ $1\frac{2}{8}$

124쪽

❶ $5\frac{1}{2}$ ❼ $4\frac{4}{5}$ ⓭ $2\frac{6}{7}$

❷ $2\frac{2}{3}$ ❽ $2\frac{5}{6}$ ⓮ $3\frac{2}{8}$

❸ $4\frac{1}{4}$ ❾ $2\frac{5}{9}$ ⓯ $1\frac{6}{13}$

❹ $2\frac{4}{10}$ ❿ $5\frac{3}{10}$ ⓰ $1\frac{13}{15}$

❺ $2\frac{3}{11}$ ⓫ $1\frac{5}{12}$ ⓱ $1\frac{13}{20}$

❻ $3\frac{3}{11}$ ⓬ $1\frac{8}{20}$ ⓲ $1\frac{5}{25}$

125쪽

❶ $\dfrac{5}{3}$ ❼ $\dfrac{12}{5}$ ⓭ $\dfrac{15}{8}$

❷ $\dfrac{7}{3}$ ❽ $\dfrac{15}{6}$ ⓮ $\dfrac{10}{9}$

❸ $\dfrac{13}{3}$ ❾ $\dfrac{19}{6}$ ⓯ $\dfrac{22}{9}$

❹ $\dfrac{10}{4}$ ❿ $\dfrac{12}{7}$ ⓰ $\dfrac{22}{10}$

❺ $\dfrac{13}{4}$ ⓫ $\dfrac{20}{7}$ ⓱ $\dfrac{45}{10}$

❻ $\dfrac{9}{5}$ ⓬ $\dfrac{22}{7}$

126쪽

❶ $\dfrac{9}{2}$ ❼ $\dfrac{23}{4}$ ⓭ $\dfrac{21}{2}$

❷ $\dfrac{19}{2}$ ❽ $\dfrac{45}{8}$ ⓮ $\dfrac{10}{3}$

❸ $\dfrac{8}{5}$ ❾ $\dfrac{28}{9}$ ⓯ $\dfrac{17}{6}$

❹ $\dfrac{16}{7}$ ❿ $\dfrac{67}{10}$ ⓰ $\dfrac{85}{10}$

❺ $\dfrac{19}{8}$ ⓫ $\dfrac{21}{11}$ ⓱ $\dfrac{22}{12}$

❻ $\dfrac{24}{9}$ ⓬ $\dfrac{25}{11}$ ⓲ $\dfrac{28}{12}$

127쪽

❶ $<$ ❽ $>$ ⓯ $>$

❷ $<$ ❾ $>$ ⓰ $>$

❸ $>$ ❿ $<$ ⓱ $<$

❹ $<$ ⓫ $>$ ⓲ $>$

❺ $>$ ⓬ $>$ ⓳ $>$

❻ $<$ ⓭ $>$

❼ $<$ ⓮ $<$

128쪽

❶ $<$ ❽ $>$ ⓯ $>$

❷ $>$ ❾ $>$ ⓰ $>$

❸ $<$ ❿ $<$ ⓱ $<$

❹ $>$ ⓫ $=$ ⓲ $=$

❺ $=$ ⓬ $<$ ⓳ $>$

❻ $>$ ⓭ $>$ ⓴ $>$

❼ $<$ ⓮ $=$ ㉑ $<$

EBS

6단계 초등 3학년

과목	시리즈명	특징	수준	대상
전과목	만점왕	교과서 중심 초등 기본서		초1~6
	만점왕 통합본	바쁜 초등학생을 위한 국어·사회·과학 압축본		초3~6
	만점왕 단원평가	한 권으로 학교 단원평가 대비		초3~6
국어	참 쉬운 글쓰기	초등학생에게 꼭 필요한 기초 글쓰기 연습		예비 초~초6
	참 쉬운 급수 한자	쉽게 배우는 한자능력검정시험 7~8급		예비 초~초2
	어휘가 독해다!	독해로 완성하는 초등 필수 어휘 학습		초1~6
	4주 완성 독해력	학년별 교과서 연계 단기 독해 학습		초1~6
	당신의 문해력	평생을 살아가는 힘, '문해력' 향상 프로젝트		예비 초~중3
영어	EBS랑 홈스쿨 초등 영어	다양한 부가 자료가 있는 단계별 영어 학습		초3~6
	EBS 기초 영문법/영독해	고학년을 위한 중학 영어 내신 대비		초5~6
	초등 영어듣기평가 완벽대비	듣기 + 말하기 + 받아쓰기 영어 종합 학습		초3~6
수학	만점왕 연산	과학적 연산 방법을 통한 계산력 훈련		예비 초~초6
	만점왕 수학 플러스	교과서 중심 기본 + 응용 문제		초1~6
	만점왕 수학 고난도	상위권을 위한 고난도 수학 문제		초4~6
	초등 수해력	다음 학년 수학이 쉬워지는 원리 강화 응용서		예비 초~초6
사회	매일 쉬운 스토리 한국사	하루 한 주제를 쉽게 이야기로 배우는 한국사		초3~6
	스토리 한국사	고학년 사회 학습 및 한국사능력검정시험 입문서		초3~6
	多담은 한국사 연표	한국사 흐름을 익히기 쉬운 세로형 연표		초3~6
기타	창의체험 탐구생활	창의력을 키우는 창의체험활동·탐구		초1~6
	쉽게 배우는 초등 AI	초등 교과와 융합한 초등 인공지능 입문서		초1~6
전과목	기초학력 진단평가	3월 시행 기초학력 진단평가 대비서		초2~중2
	중학 신입생 예비과정	중학교 적응력을 올려 주는 예비 중1 필수 학습서		예비 중1